A MAP OF THE INVISIBLE

A MAP OF THE INVISIBLE

看不见的世界

宇宙从何而来

[英]乔恩·巴特沃思◎著

章燕飞◎译

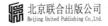

北京联合出版公司
Beijing United Publishing Co.,Ltd.

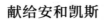

献给安和凯斯

目 录

关于本书地图的说明   V

前言：探险开始   VII

第一次探险　现实不似你所见

1. 扬帆起航   4

2. 更有趣的世界：波   7

3. 传播光的小包裹：光子 16

4. 为何质量越大，体积越小? 23

第二次探险　进入原子之地

5. 复杂而美丽的景色   32

6. 汤姆逊的巧妙实验   36

7. 充满戏剧性的发现   40

8. 元素的琴弦   43

第三次探险　神秘的轻子岛

9. 现实中的"魔霸"：万物皆力　　　54

10. 优雅的数　　　60

11. 给薛定谔的方程"加点料"　　　65

12. 最惊人的存在：反物质　　　73

13. 上帝的魔术手：
    最可能发生的就是什么都没有发生　　　79

中途休息
引力：宇宙间最神秘的力量

没有它，你我将可能坍缩成一坨坨"果冻"　　　90

变弯的"直线"　　　94

诡异的量子世界　　　101

引力波之谜　　　104

第四次探险　了不起的夸克岛之旅

14. 有趣：错误和正确的认知
    被互相搅和在一起　　　114

15. 难以拼凑和驾驭的"积木"　　　121

16. 量子真空中的奇怪现象　　126

17. 上帝很疯狂？ NO！夸克更疯狂　　131

18. 复制……永不停歇的复制　　136

第五次探险　俯瞰"宇宙"

19. 物理可以如此性感：
　　出双入对的"粒子恋人"　　144

20. 送盒巧克力给外星人，他们能吃吗？　　148

21. "设计者"的大智慧
　　——宇宙中的小概率错位　　154

22. 世界的一半是物质，
　　而另一半是反物质？　　159

第六次探险　危险的中微子地带

23. 让人不安的现实：
　　它们明明存在，你却无法触碰　　170

24. 2/3 完全隐形的阳光：
　　标准模型的根本性变革　　177

25. 宇宙演化的解释者：
　　中微子荒原上的新发现　　186

第七次探险　进入玻色子国

26. 假如同时改变世界上所有地方的电压　196

27. 对称性仅仅是个美好的巧合吗?　203

28. "任性不羁"的行为一直在发生　208

29. 质量和隐藏的对称性　215

30. 感谢"质量"相差那么多吧，
这样世界才稳定　222

31. 寻找希格斯粒子　226

第八次探险　那些令人匪夷所思的猜想

32. 为什么要继续前行?　238

33. 线索和限制　248

34. 假如暗物质真的存在　252

35. 一个诱人的传说　257

36. 进入另一个维度　260

37. 静止的橄榄　265

38. 第五种力　270

39. 另一种宇宙假说　276

延伸阅读　280

致谢　282

译名对照表　283

关于本书地图的说明

———————

需要说明的是，本书中的地图是用来帮助记忆的，而非与粒子物理学进行详细对照。由西向东大致方向为能量增加（且尺寸减小），由南向北为复杂性增加，但也存在不完全符合规律的灰色地带。能量的标尺有时是结合能，有时是质量，而即使像这样拓宽标尺的含义范畴，也无法避免一些不合理之处。比如，隶属于东边玻色子国的光子，在遥远的西边也能被发现。还有，以陶子和 μ 介子的质量来说，它们应在上夸克、下夸克和奇夸克的东边，但其实你需要向东走完整片量子色动力学的能量范围才能找到夸克。比喻和类比能帮助我们理解，但如果过于夸张则容易产生误导。请享受旅途吧，但是要一路小心。

前言

探险开始

请设想这样一个实验：拿一个苹果，然后把它切成两半，然后再把它切成两半，再切成两半，然后持续地切下去。你最终会得到什么？

或者，换一种更平和的方式，请以不断靠近的方式观察一个苹果：什么样的物质结构会显现？万物是否都是由一小套共用的积木——我们称它们为元素，或者原子——排列组合而成？如果是，那当我更靠近去看这套积木时会怎样？它们是不是由更小的东西组成的呢？

最终揭露出来的是这样一个世界，一个住着许多稀奇古怪的粒子的世界。在这个世界，从我们无知的海洋中浮现出点点新奇的岛屿，它们由通信网络连接着。这个世界的景色从诸如苹果之类的日常可见之物开始，逐渐延伸至难以想象的荒野边缘。

我们将开始一段从苹果到微观世界的旅程。我们会需要一艘极其精巧的船，它将承载着显微镜、粒子加速器和其他能将我们的视野扩展至肉眼无法企及的原子内部甚至更远的机械装置。我们能航行多远？这个看不见的世界有没有尽头？存在构成万物的、无法分割的粒子吗？或是，我们会不停地走下去，不停地发现更小的东西，不停地向更东边的海域航行吗？

这些问题已经被讨论了几千年，物理学的目标之一就是解答它们。而它们的答案，至少是我们目前所知道的全部答案，将在我们即将探索的新奇的、看不见的新世界中被找到。

问题的本质

研究微观物体的科学一般被称为"粒子物理学"。它没有完美无缺的名称，而这个名称在很多方面都容易令人困惑。

"粒子"这个词就有潜在的误导性。物理学家们也研究沙石、污染颗粒和尘土——宇宙和大气中的粒子，以及其他小块团状物，而这些粒子与最终构成万物的基本积木完全无关。

　　有时"粒子物理学"也被称为"基本粒子物理学"，以将该学科和复合粒子的研究区分开来。但这其实并没有消除误导，因为质子和中子——粒子物理世界中非常重要的微小粒子——也不是基本粒子。未来的某一天，我们甚至可能会发现当前理论中的基本粒子也并不基本，即使研究它们的学科肯定是"粒子物理学"。科研组和高校课程也十分嫌弃"基本粒子物理学"这个称呼，因为它让这门学科听起来过于简单。选修"基本粒子物理学"这门课的学生，面对我们即将去寻找的粒子的相关方程式，很可能会被震惊到。

　　人们经常使用高能物理作为替代来描述这个学科，而且粒子物理最直接的研究方法——在大型对撞机中使粒子互相冲撞并观测反应——确实需要很多能量。但另一些重要的实验却需要我们去寻找极其稀有、能量也极低的粒子。为了尽量避开微弱的噪声，物理学家把探测器藏在了地底深处。这样，每一次极其微弱的能量波动就都是由能量干扰或激发造成的。虽然这些极低能量的实验间接告知了我们一些高能条件下才会发生的状况，但是称其为"高能物理"还是会感觉有些别扭。

　　另一个以"高能物理"作为粒子物理学科名的问题在于，核物理学家、天体物理学家、等离子体物理学家和其他一些领域的物理学家需要处理的能量，要比用来探索粒子物理边界的能量高得多。大型强子对撞机是笔者在写这本书时，有史以来人类建造的最高能的粒子对撞机，它其中一次对撞的能量与核反应堆工作中所释放的能量相比是很小的，而核反应堆的能量和一个爆炸的恒星相比根本微不足道。

但无论怎样给这个学科起名，我们的研究都基于实践。从人眼到显微镜，再到高能粒子加速器和其他更加精密的仪器，科学实验使我们的探索不只停留在纯理论推断的哲学思辨领域。每一代最新的实验都将微观世界的新大陆展现在拓荒者的面前，让我们不断制作出新的地图，以指向物质本源的深处。

但最后，还是那个亘古不变的疑问：当你深入了解宇宙时，你会思考，它到底是由什么组成的呢？

标准模型

对于上面那个问题，囊括了现有答案的理论有一个轻描淡写（说实话，有些无聊）的名字，叫作"标准模型"，它是我们现阶段对基本力学和物质构成的认知总结，而这些方面的研究隶属粒子物理的范畴。"标准模型"理论（它确实更是一个理论而非模型，虽然不同的人会对这个名称有不同的理解）是前辈们数十年的艰苦科研成果，它能适用于各种范畴的物理现象。

我在年幼时，经常看到印度或巴基斯坦餐馆自称为"标准"餐馆，像是标准唐杜里餐馆或是标准巴尔蒂宫饭店之类的。我在曼彻斯特的罗斯霍尔姆咖喱一条街长大，那里的"标准"不仅极高，且新开的咖喱店也会立志达标。我认为，标准模型理论也有与之差不多的性质：平实的名称是高品质的象征，且任何其他新推出的理论也都须达到这个高标准。

2012 年，预言了很久的希格斯玻色子被发现了，这是标准模型的成功，也是其正确性的一个有力例证。希格斯玻色子是此前在自然界中从未被发现过的全新粒子，它的发现对标准模型的数学连贯性至关重要。对现在的我们来说，知道希格斯玻色子对证实标准模型理论中的观点至关重要，就足够了。最妙的是，我们现在有了一套自洽的理论，因为它告诉我们，最小的物体确实是无限小的。这套理论本来就能解释在极广的能量和距离范围内的物理现象，而希格斯玻色子的发现又扩大了这个范围。

标准模型蕴含的概念优雅而严谨，考虑到它极其广泛的适用范围，它显得非常紧凑和简练。它所蕴含的各个单独的概念都能被任何人至少大致理解，但是它的一些重要概念确实鲜为人知。如何把这些概念以合理的方式组合成一套完整的理论，是比较有挑战性的。

当然，标准模型并非一成不变，新数据的出现可能会使它产生变化。但是，它的可适应性并不影响它的优雅度、有效性和广泛的应用范围。它包含了真理——只不过并非全部的真理。

本书将带你踏上一次对真理的探索之旅，或者更准确地说，一次对人类当前已知的全部真理的发现之旅。

本书将带你踏上八次也可能是八次半的探险行动，深入到物质宇宙的中心。这些探险行动将深入挖掘构成物质的最小组成部分，检视它们如何运作（它们时常会表现得很奇怪），并且辨别使它们结合和分开的力量。这些微观积木充斥在我们生存的世界和宇宙中，小到分子、日常生活中的有形之物，大到漫天的繁星和遥远的星系，都是由这些积木构筑而成。

在我们探索物理知识的新领域时，新发现的领域将会被命名，并且会根据它们的相互关系将其绘制在地图上。夸克、玻色子、强子等粒子将被排列在一个图像化的词汇表中。这个词汇表将提供一个梳理标准模型理论中的概念的框架。在途中，虽然我们遇到的景象有时可能看起来有些无厘头，但它们的背后已有我们当前最可靠的证据。虽然以我们当前的认知水平来看，标准模型里的一些内容像是有人随手设定的，但是它的其余部分内涵深刻，且和任何之前的同类型理论相比，整体结构都极其精致、简约。

在启程前，我们也需要明白，我们的旅程路线只是前往科学前沿的一个可能。我们在探索的过程中采取的是化繁为简的方式，所以并不是所有的谜题都会有答案。换句话说，即使我们在探索中揭示了所谓的"万有理论"，它也仍有许多解答不了的谜团。无论粒子物理研究将发现怎样的组成万物的最小粒子，我们都已经知道，它们的相互作用和极大数量时的宏观表现蕴藏了深刻的物理定律和复杂的运行规律，而这些所谓的"基础"定律未必都能解释得通。新的物理知识——还有化学、生物等其他学科的知识——将在这些复杂的情境中诞生。尽管如此，对于物质最小尺寸下的结构研究是极为重要的，这也是科研中最令人兴奋的前沿之一，而那就是我们要去的地方。主宰万物的理论优美而令人目眩神迷，我们将通过绘制导航图，揭开它神秘面纱的其中一角。

另外，我们的地图就像任何拓荒者的导航图一样，是有边界的。标准模型理论或许是完整的，但我们对于物理的理解却不是。请小心海怪的袭击和海妖的诱惑，让我们一起踏上寻找答案的旅程，驶向神秘的未知。

第一次探险

现实不似你所见

    船及其组成部分——海鸥、海豚和波的干涉——向导的指教——一些船员对向导持怀疑态度，迫不及待想要开船——向导拿着激光说个不停——船员被说服——不是你所熟悉的场——短距离、高能量以及它们之间的关系——选择路线的重要性

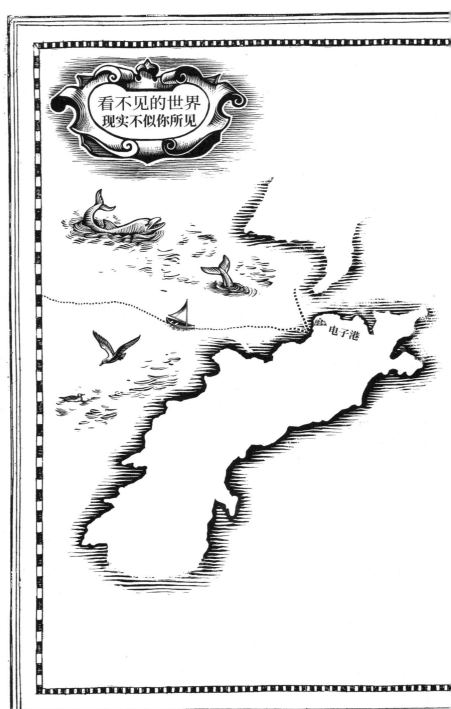

看不见的世界
现实不似你所见

电子港

能量最低　　　能量最高

I

扬帆起航

我们的船虽然不大，但是经得起风浪。招募的船员虽然是临时拼凑起来的，但是其中既有专业的物理学者，也有充满探索精神的业余爱好者。在船和船员都到位之后，我们便扬帆起航了。船舱内带有干粮、混杂的科学仪器和一把吉他。此行我们需要证实一些理论，也需要采集数据。希望我们能像乘坐贝格尔号旅行的达尔文一样，借由一次去遥远国度的旅途来提升自己。

我们将从西边驶进看不见的神秘海域。在地图上看，最西面的边缘上是人类可见尺寸的物体。随着我们向东航行，我们将逐渐缩小。从船头眺望，映入眼帘的或看到的是物质的核心。就这样，我们会把那些寻常隐形的事物一一勘测。

大多数物体都是由更小的物体组成的。我们的船是由木头、金属、玻璃等材料组成。同时，我们能轻易看出，这些材料本身也是由更小的物体组成的：木片、玻璃纤维、塑料等。棉线粗细的玻璃纤维是由硅组成，而每一股玻璃纤维是由与氧原子结合的硅原子——每一个硅原子和两个氧原子结合而成的二氧化硅分子——组成。硅原子的直径是一股玻璃纤维直径的十亿分之一。假如每个硅原子都有船上厨房里的绿豆那么大，那每条玻璃纤维的直径就和地球的直径差不多。

每个硅原子由 1 个被 14 个电子包裹的原子核组成。每个电子含有 1 单位负电荷。因为原子核含有 14 倍于电子负电荷的正电荷，所以 14 个电子被它吸引。我们对这个构造并不陌生——太阳系有 8 颗行星（还有一些岩石和太空垃圾），它们以太阳为中心环绕运行。人们很容易把硅原子想象成一个微小的太阳系，有 14 个小的电子行星围绕原子核运行。但是，我们即将发现，电子并不是小行星。事实上，它们和行星相比是全新的、截然不同的物体。

随着我们的船东行，我们自身的尺寸在不断缩小，周围的世界也随之改变。在这片土地上，大多数我们根据从前的经验预测出的物理法则，事实上只在通常情况下才被遵守。而且，我们会遇到的电子，还有其他粒子，都与我们在西边所能看见的物体有极端不同的特质。

　　因此，观察越来越小的物体组成结构需要越来越高能量的——按效果来说就是显微镜——粒子束发射器。具体原因除了和上面提到的现象有关，在以后的旅程中也会越来越清晰。这也意味着，微观科研的前沿同时也是高能科研的前沿。粒子物理研究中高能量的关键在于如何将能量集中在一个很小的空间，或者同样的，如何将能量集中在少量的粒子中。因此，一张描绘了高能、微距世界的地图也将揭示极早期宇宙的物理信息。大爆炸发生之初，宇宙处在极其高温和高压的状态。在最初的时刻，任意空间范围内的能量都足够大，以至于所有物质都以其最小组成部分的形式存在着。

　　想要理解以上的所有概念，我们首先需要认识这个奇妙新世界的"原住民"们。在一个原子里能找到什么？当前，我们只知道我们要找的家伙会非常小，且需要消耗很多能量才得以接触。但我们要去往哪里？在我们驶向的陌生海域里，适用的物理法则，如果存在的话，是怎样的？开始第一次旅程的地方是一个相对而言比较安全的港口——电子港。对岸是无名岛屿的陌生海岸，和我们遥遥相望。

2

更有趣的世界：波

我们想要规划一条从电子港的海湾到地平线上微弱可见的远方海岸的航线。整个海湾的海面，总体是平静的，可以直接穿过，但是在海湾与外海连通的入口处有几片水面波涛汹涌，需要绕行。雇用的当地向导十分热切地想要带我们驶出海湾，但是船上的领航员和船长十分谨慎，他们意识到前路凶险，想要完全理解造成小范围波涛汹涌的原因，以及掌握不靠向导也能安全掌舵的方法。向导耸了耸肩，并开始讲解有关粒子的知识。

粒状表现是比较为人所熟知的。比如，你开一枪，射出的子弹将会沿直线前进，直到有外力改变它的方向或减缓它的速度。另如，你捧着沙，沙粒会从你的指缝间流下，并形成小巧的沙堆。在没有被其他物体弹飞，或是被其他力量改变路线时，粒状物体只会沿直线行进，且它们在行进过程中会保持形状不变。要想精准地描述一个粒子且预测它的行为，我们需要知道它的体积、速度和质量。空气中的气体分子可以被视作互相碰撞不停的粒子，由此我们能够理解温度、压力和包括围绕着整个船舱传递热能的对热循环气流等一系列有趣且实用的概念。粒子还提供了一种传递信息的方式。从某种意义上来说，船员们在启程前寄回家的信件也是粒子——离散的行进在从寄件者到收件者的既定路线上的物品包裹。

波，提供了一个截然不同的传递信息与能量的方式。比如，船上的无线电（只有紧急情况下才能使用）能往基地回传信号，还有厨房里的微波炉能将船长的汤加热。我们对周围世界的认知大多来自于波——不仅是一般情况下日常生活中的声波和光波，还有借助科学仪器才能观察到的微波、X射线等其他神秘形态的波。从很多方面来说，波的物理特性比粒子的要更加有趣，也更加复杂。包括刚刚到达时船长观察到的一片风平浪静、一片却波涛汹涌的海面，和粒子相比，波能够促生更加丰富多样的物理效应。

要想从严格意义上描述一道波，我们必须知道它的波长、频率和振幅。运动波在行进过程中有随之移动的波峰和波谷，但事实上究竟是什么在运动？向导将我们的注意力引向一只浮在海湾水面的海鸥。海面几无风浪，只有一道道波纹从海鸥身下不断扩散，化作浪花轻拍海岸。海鸥随着潮流上下浮动，除此之外岿然不动。虽然海浪穿越了整个海湾到达岸边，但是海鸥还有波浪借以传播的海水只是上下波动，并没有沿着海面行进。只有这"一上一下"的波动和位移，在以某种方式穿越整个海湾前行。

"上"的高度或是"下"的深度，以无干扰的海平面为基准线，就是波浪的"振幅"。任何波都有某种形式的"振幅"——由它造成的某种偏离平衡状态的位移。调音系统中的增幅器得有此名就是因为它能放大声波的振幅——声波的振幅更大，声音就会更响。

只要波纹扩散不停——或许有一只海豚正在附近欢乐地戏水——海鸥就会持续上下浮动，它在特定时间内的上下浮动次数被称作波浪的"频率"——在特定时间内波峰或波谷通过特定的点的次数。通常，频率的单位是赫兹（Hz），一个其实应该叫作"每秒几次"的奇怪单位。假如海湾里的海浪振幅为 2 Hz，那么海鸥就会每秒上下浮动两次。

另一方面，波长即为连续波纹之间两个相邻波峰的距离。而且，因为位移方式必须在每次海鸥浮动的时候前进一个波长的距离，所以波浪在海面运行的速度能够通过将频率和波长相乘被轻松地计算出来。

所以，我们知道一道波的振幅、波长和频率之后，我们也就知道了包括速度在内的大多数重要特质的详细情况。那么，波为什么就比粒子有趣呢？有趣在什么方面？

请设想一下以下场景：两只海豚在海湾内不同的地方戏水，制造出两道振幅、频率和波长都一致，但是行进方向却不同的波浪。或许，同场景下的海鸥要体会到波浪翻滚的感觉了。但或许，并不会。

如果两道波浪的波峰同时到达海鸥，那么确实，我们的小鸟将免不了一阵颠簸。两道波的振幅相加，海鸥会上升和下降两倍的高度。但是，取决于两只海豚分别与海鸥的距离，有可能在一道波浪的波峰到达时，来自另一只海豚的另一道波浪的波谷刚好到达。这种情况下，波谷将会被波峰抵消掉。或者，我们也可以从海鸥身下的海水的角度来思考这个问题：来自一道波浪的力向上推动海水，同时来自另一道波浪的大小相同、方向相反的力却在往下按压海水。此时，海水便会静止不动，海鸥可以惬意地放松一会儿。虽然海浪仍然会向海鸥所在地持续前进，但海鸥的平静将不会被打扰。

像这样的"静点"在各种波相遇时都能被观测到。无线电波和微波，例如携带 Wi-Fi 信号的电波，也有如此特征。[①] 波与波相遇时发生的效应被合起来称作"干涉"。当一道波的波峰遇上另一道波的波谷时，相遇的两道波处于"异相"状态；而当两道波的波峰碰到一起时，它们处于"同相"状态。相位，是波的另一个重要属性，但它却只有在存在两道波的时候才能被准确定义。相位差，即两道波是异相还是同相，有确实的物理效应。在我们的例子中，海鸥是上下浮动还是定住不动就取决于两道波浪的相对相位。相位的定义必须要有参照物。如果只有一道波，我们可以将它的相位定义成相关任意时间点。比如，我们第一次看见海豚的时候。但是，如果只有一只海豚制造出一组波浪，那么无论波浪的相位被定义成什么，海鸥都会上下浮动。只有存在多道海浪且它们之间存在相位差的时候，我们才能观察到迥异的现象。虽然这个事实听起来有些简单，但它的影响是惊人且深远的。

波的干涉与我们所熟知的粒子的表现是非常不同的。假如有许多来自不同方向的子弹射向海鸥，子弹可能会相撞，但射出更多的子弹是绝对不可能减少子弹数量

---

① 我之所以相信我在欧洲核子研究组织（CERN）的办公室里也有静点，是因为我在这个万维网的诞生地有时也连不上网。电波太多，它们在不巧的时间到达，并且又恰巧在我办公桌的周围互相抵消了。

的。[①] 但是，制造出更多道波浪却确实可能会使海鸥所在的海平面更加平静。

波还有其他有趣的、和粒子不同的表现。海港位于海湾内，由一条狭窄的海峡连通。所有海豚以及海鸥的剧情都是在海港之外的海湾发生的。它们所激起的波浪有一些冲向了通往海港的狭窄通道，会发生什么？

如果波和粒子的表现相同，那么任何较为准确地指向海港入口的波将会通过，并且在海港内继续直线前进。这样的话，海港内大部分的海面都将是平静的。但这并不是所发生的情况。波浪行进到海峡处时，海峡便成为了海港内波涛的制造器——就像有一只海豚游进了海峡一样。（如果海峡的宽度和波浪的波长相近，这个效应会更加明显。因为此时海峡看上去就是一个单独的波浪制造器，而不是许多个波浪制造器。）波浪将会以海峡为圆心，以不断扩大的同心圆的形式扩散在没有海豚的海港内。这种扩散被称为衍射，它让波能在没有任何改变其行进路线的力的情况下沿着边缘绕开障碍。衍射是标准模型量子——粒子——波的世界中另一个关键特质。

波的这种特质有一个重要的实际影响，即存在能够被研究的最小结构。粗略来说，衍射和干涉等效应意味

---

① 我为这无端的暴力升级向海鸥表示歉意。

着波不能有效提供比自身波长还要小的物体的信息。如果试图观测比最小结构还要小的物体，那所得到的信息将会模糊不清、令人费解。在前面的海港海峡的例子中，波长比通道宽度要小得多的海浪会通过，然后产生一股回向海峡的高压水流；波长和海峡宽度一样的海浪会很好地扩散并布满整个海港；而波长更长的海浪甚至无法通过海港的入口。

任何能产生波的系统都蕴含了一个方程式——波动方程，它描述了这道波的运动情况。我们所航行的海湾海面就是。另一个这样的系统是大气。一团小范围的高密度、高压强的气体会自主扩散，挤压相邻空间的气体，然后被挤压区域的气体会继续挤压与其相邻的气体，继续扩散。声波就是像这样在空气中传播的高压脉冲，它在空气因某种原因被挤压时产生，例如鼓面或咽喉的振动。电磁场是另一个产生波的系统，光、微波等其他电磁波就是由此传播的。值得留意的是，这些系统的大体表现在一些重要方面是非常相似的——包括能够产生衍射和干涉——因为描述这些系统的波动方程是类似的。

因为方程式将会是在我们接下来的旅途中非常关键的导航帮手，我们或许有必要花一点时间仔细检视一下为什么它们在物理学中是如此地重要。我们不需要讨论非常细节的数学，并且我也不会把任何方程式直截了当地写出来，但是会有那么几个时刻我们需要讨论方程式，因为它将在物理世界中起到重要的指路作用。数学中的方程式将不同的概念以一种虽然抽象但是完全确切的方式联系在了一起。当它在物理学中被使用时，等式两边的概念是确实存在的物体，且一个将它们关联在一起的等式为这些物体的行为表现提供了新的见解，尤其能够清楚地告知改变其中一个物体对另一个的影响。

在我们当前的例子中，一个波动方程描述了某些物理量的改变——水面的高度、空气的压强和电场的强度。它将波在时间改变的情况下如何变化和波在位置改变的情况下如何变化联系在了一起。拿我们特定的例子来说，海湾的波动方程告诉我们，如果海平面高度在海湾的不同地点是不同的，那么也意味着海平面也会随着时间改变。想象来自一次海豚尾巴的摆动将一片水面抬高到比它周围更高的位置。这是一个不稳定的情形。由海豚制造出的高出水面的小山坡将会被重力往下拉，而这将会在整个海平面以前进波的形式扩散出波纹。波动方程就是这个现象如何发生的物理描述。它告诉了我们不同地点水面高度的不同是如何导致在不同时间水面高度的变化的。它能够被用来预测波将会如何行进和相互作用——水波、声波、无线电波——或者是量子波。

我们的船沿着一条笔直的、类似粒子的航线向海港外驶去，船员们为我们向导的指令欢呼，并受到了海浪的鼓舞。我们现在知道了，同时希望大家都理解了这样两种独特的表现，即粒状和波状。它们两者有着非常深刻的差异，并且很难弄清楚它们是如何混合在一起的。但是我们正在未经勘测的危险海域航行，于是我们应该能预期到意外的发生。然而，让我们一些比较没有耐心的船员们不悦的是，我们的向导还没有说完。

3

传播光的小包裹：光子

在我们继续行进之前，我们需要真正理解我们正在行进中的介质。如果我们做不到这一点，向导向我们保证，对于我们即将看到的东西，我们将领会得非常少。特别是下一个旅程的目标——原子之地的内部，我们将完全无法涉足。虽然我们几乎没有离开过舱舱，但是海岸线看上去已经近了许多。

向导接下来要告诉我们的事情非常奇怪，以至于他知道我们可能不会相信他，所以他敦促船长放下船锚且将船员聚集在甲板下面做一个演示。在一些时间的准备之后，在我们船舱漆黑的封闭空间内，向导向一个有两个很小裂缝的隔板发射了一道激光束；在隔板的另一面是一个探测器，以监视通过裂缝的光。

第一件需要注意的事就是光呈波状。如果裂缝足够细，那么裂缝自身就会开始表现得像波的发射器，就像在海港里的狭窄海峡的水波那样。这个现象指出了光是有波长的，和每个裂缝的宽度差不多的波长，就像衍射最剧烈的水波，有和海港入口宽度差不多大小的波长那样。

而且，我们通过探测器将会看见一个明暗交错的带状图案。在我们探测器的每一点上，都有光从两个源头被接收——两个裂缝，就像在海港附近那两只戏水的海豚。对于恰巧在裂缝中间的点来说，光从每个裂缝所行进的距离是一样的，且来自两个裂缝的光波的波峰将会同时到达，即同相。波峰会互相增强，波谷也会，形成一个很强的波，即一段很亮的光。对任何隔板上其他的点来说，光从一个裂缝行进的距离和从另一个裂缝行进的距离不同，所以这种"加倍效应"并不能保证出现。如果行进距离的差是波长的整数倍，那么一个波源的波峰将会和另一个波源的波峰同时到达，它们仍然能够互相加倍。但是如果行进距离差是波长的整数点 5 倍，那一方的波峰将会和另一方的波谷同时到达。两道波处于逆相位。（这就是那些暗带，波峰和波谷互相抵消的地方。）探测器将会保持黑暗的状态，就像海鸥在海湾里安稳地休息。

看上去我们已经可以断言光就是波了。衍射和干涉的现象正在发生，且只有波才能产生它们。我们不会在粒子上看到这种现象。我们甚至能算出波的波长，这显然对于经典粒子而言是完全说不通的。光是一种波，仅此而已。

但这并不是故事的结尾，有一个转折，一个重要的转折。

向导敦促我们更仔细一点去观察探测器，它正在测量通过裂缝之后的光造成的明暗交错的干涉光带。我们实验中的探测器依赖着"光电效应"——也就是说，当光线照在探测器上时，会释放出电子，接着电子能携带电流。对这个现象的解释就在原子之地的海岸上，但是现在我们可以看到——通过给探测器加一个电压，我们能让电流流动起来，即能够探测到自由电子。这就是我们为什么知道光线打在探测器上了，且知道亮带在哪里，暗带在哪里。

波传递能量。这就是让海鸥浮动且往我们的探测器中释放电子的能量。而且波的情况是，有两种方法可以使能量增加。你可以增加水波的振幅，能使海鸥弹起得更高。你也可以增加水波的频率，能使海鸥更快地上下浮动。光也是一样的。增加一道激光的能量能够使它更亮、更强烈，或者是增加它的频率也可以达到同样的效果。光的频率对应着颜色，所以可以说增加频率可能意味着将光从红光改为蓝光。

但是在我们的实验中，这两种增加能量的方法在光线探测器上有非常不同的影响。[1] 我们通常都会预计，当照在一个光电材料，比如我们的探测器上的光增强的时候，它所产生的电流也会增加。在某些情况下这是真的，但也并非总是这样。

举一个例子，我们正在使用的光是蓝色的，这表示它的波长是 475 纳米，与 650 太赫[2] 的频率相匹配（每秒钟 650 万亿次振动）。光显示在光线探测器上，制造出我们可爱的明暗光带交替的干涉图案，且明确地表现出光所具有的波的特质。如果我们增强蓝色激光的功率，光线探测器上显现出的光的强度也会增加。一切都很完美而且合理。

但是，我们现在开始调试我们激光的频率。我们降低它，使激光先变成绿色，然后是红色。对于这个特定的探测器来说，随着频率降低至红光，电流突然消失，然后我们再也不能检测到光线了。

随着我们降低频率，我们也在降低激光的功率。如果我们现在还在对付着海湾里的波浪，我们将会使海鸥

---

① 这个不同促进了量子力学的发展，且启发了阿尔伯特·爱因斯坦的一个突破性结论，复兴了光的粒子说。

② 1 太赫相当于 10^{12} 赫兹。

浮动的频率降低。所以我们得到更少的电流并不值得惊讶，但电流突然消失就有点令人奇怪了。

没事，我们还可以通过增加光束的强度来弥补，就像我们可以使海鸥浮动的高度更高，而使它的浮动频率降低一样。

我们将要看到的情况十分令人失望。事实上我们什么也看不见。

一旦光的频率降低到一定值（这个取决于我们所持有的探测器以及事实上它是由什么东西组成的）以下之后，我们将不会有任何电流，无论我们将光的强度调得多高。这个现象是不可能由连续的光波做出解释的。能量就在那里——为什么它无法剥离出任何自由电子呢？

造成这种现象的原因只能是光的能量不是以一道连续的波的形式传播，而是以小块包裹，即量子的形式传播的，因而它就更像是船员们寄回家的信，而不是我们在紧急情况下使用的无线电波。对于光来说，这些小包裹被称作光子。一个光子就是一量子的光。这就是爱因斯坦在 1905 年的突破性论文中所写下的结论。[①] 一个单独光子的能量取决于它自身相关的频率——蓝色光子比红色光子有更多能量。一道激光束所蕴含的总能量是光

---

① Annalen Der Physik 17（1905）pp.132-148。见 http://einsteinpapers. press.princeton.edu/。

子的数量乘以每个光子的能量。当我们提高红色激光的功率时，我们提高了发射出光子的频率，但是每个光子所含的能量保持不变，因为光的频率没有改变。

相反地，随着我们调低蓝色激光的功率，我们降低了光子的数量，但是没有降低每个光子的能量。所以，就像爱因斯坦在他的论文中所说的："对于能够激起光电效应的光来说，让它能充当'刺激物'的光强度的下限是不存在的。"在我们这里能够充当"刺激物"，便意味着能够释放电子，且能够显示在探测器上。这句话或许在原有的德语中听起来更加优雅，但它所蕴含的结论和实验吻合，并且肯定是非常令人兴奋的。也就是说，即使一束激光被调低强度，直到一年只发射一个光子的程度，它最终仍然能够形成明暗交错的干涉图案——一次一个点。光以不连续的小包裹形式前进，就像它是由粒子组成的那样，但是又展现出干涉现象，就像它是一道波一样。

把两方面合在一起，一方面光表现出类似干涉的波状特性，另一方面光行进时能量是以含有由其频率决定的能量的不连续的小包裹形式传递的。这个事实告诉我们，光既不是我们在经典物理中理解的波，也不是经典的粒子，它完全是另一种东西——在低光强度和高频率的情况下，意味着我们进入了一个新的物理世界，我们需要一套新的概念去描述它。光子是"量子场"里的激发产物。而量子场就是我们正在航行的大海。

向导在现在这个阶段看上去十分得意扬扬，且已经完全吸引住了围观船员的注意力。他的演示抓住了我们的注意力，也使我们离真正理解量子场是什么以及如何运作更近了一步。但是我们需要知道更多，他也非常乐意告诉我们。

4

为何质量越大，体积越小？

物理中的"场"是一个在任何空间点都有对应数值的量（quantity）。举个例子，磁场在一块磁铁附近的任何空间点都有对应的强度，用一块小铁片就能测出磁场对它的影响。地球的重力场在任何空间点都有明确的数值，用任意物体放在那个点上就能观测出重力场的影响，它使我们的船牢固地贴在海面上，也使雨从天上的云层降下。确实，没有重力我们甚至不能定义"上"和"下"。量子场将"场"这个概念带入非常小的物体的领域。

回到之前激光、两个裂缝和探测器的实验，量子场能够描述正在发生的情况。电磁场的量子版本的大小告诉我们有多大的可能发现一个光子。量子场像一道波一样扩散和前进，它具有频率和波长，且能够展现出干涉和其他的波状效应，它正在告诉我们一个粒子（光子）在任意空间点存在的概率。那些光子的能量和动量是由量子场的频率和波长所决定的。这样的话，探测器能够一次记录一个单个的光子，但是它们的分布，随着时间的推移，将构成我们观测到的明暗交错的图案。

给我们这一切信息的量子场论被称为"量子电动力学"——QED（Quantum Electrodynamics），它是由理查德·费曼、朱利安·施温格和朝永振一郎在 20 世纪 40 年代提出的。这个理论的名称非常具有描述性——认为光是以光子（一种量子）的形式存在的，但是这个理论也描述了电磁场的运动（电动力学）。这个理论成为了粒子物理标准模型的第一个坚实的组成部分，而且我们在接下来的行程中将会遇见更多次。

除了描述我们实验的明显的矛盾点之外，量子场这个概念还能提供更多信息。电子也是量子场内的激发产物。因此，它们也具有波状属性。它们的波状属性在就像我们以上为光子所做的干涉实验中能被观测到。事实证明，为了理解原子之地的内部情况，以及到达那里之后，为了能够理解元素之间的化学反应，这些属性都是我们所需要的。

量子场论同时也解释了我们在旅行中开始画的地图的经度的双层含义。随着我们从左到右、从西到东行进，我们同时也在增加能量和减小尺寸。这个看起来有点怪异——高能量意味着高质量，在通常情况下意味着"更大"。这在日常生活中是真的，重的物体通常（虽然不总是）比轻的物体要大。[1] 但是对于量子场论中的基本粒子来说，情况完全是相反的。高能量对应着高频率，同时对应着短波长。就像我们在海港里看见的那样，波长决定了能够观测到的最小物体。所以，要想观测更小的物体，我们就需要更多的能量。这就意味着，随着我们东行，发现的物体中有一个规律，它们会有越来越大的质量，但和西边的物体相比，体积却越来越小。

将粒状和波状属性同时囊括进一种新的物体，并且含有描述自然所必需的属性，是量子场论的成就。

向导已经解说完毕，并且回到了舵轮处，紧接着我们也起锚然后继续航行。船员们仍然在吸收着他们新学到的知识。量子场论和我们对于物体如何表现的直觉正好相反，要尝试去理解这一切，还有另外一种有用的方法。理查德·费曼，量子电动力学的鼻祖之一，是一个很杰出的讲解者。他使用了一个叫作"路径积分"的概念，不仅是为了搭建他的理论的数学模型，而且还是为了能将它向非专门人员进行描述。[2]

---

① 这就是为什么在一些物理贴墙图表上，与较轻粒子比如电子的小圆块相比，较重粒子被展示为大圆块。

②《QED：光和物质的奇异性》，1985。

他谈到粒子行进在两点之间的所有可能的路线上，但是在行进过程中携带着一个旋转的"相位"，他把这形象化为一个小箭头。箭头随着粒子的行进旋转，且每秒旋转的数量就是和这个粒子所关联的"频率"。就像我们的船一样，在电子港和原子海岸之间的许多可能的路径中航行，船上的时钟随着我们旅行的时间一分一秒地嘀嗒作响。

和我们的船不同，费曼所描述的粒子是量子粒子，且单个的它们可以在任意地方，随机地在各个方向到处乱窜。要想计算一个粒子事实上从任意的一个 A 点到达另一个位置 B 点的概率，量子场论要求所有从 A 到 B 可能的路线都要被考虑进去。一个粒子所有可能离开 A 点接着到达 B 点的方式必须被加起来，以得到粒子会到达那里的真正概率。如果看上去很怪，那么它确实很怪，但是事实就是这样，所以请忍耐。这就是微观物体量子不确定性的来源。这个"将所有可能路线都加起来"的操作被称为路径积分。

关键是这些路径的总和要顾及箭头的方向。回忆起箭头在粒子移动时是在旋转的，就像我们船上时钟的指针那样，所以对于不同长度的路线来说，箭头总会在粒子到达 B 点时指向不同的方向，以为它那时会有更多或者更少的时间去旋转。箭头的方向就像海港里波浪的高度。如果两个箭头指向同一方向，它们会相加成为单个更长的箭头。但是如果它们指向相反的方向，它们会互相抵消形成零的总和。这就是波浪式相位出现的原因，因为这种相互抵消就像两道波的波峰和波谷同时到达，互相抵消那样（然后让海鸥得以安稳地留在原地）。

　　总的来说从 A 到 B 有太多可能的路线了（包括那些粒子在途中改变质量的路线，和那些时光倒流的路线），以至于任意一条路线通常都有另一条最后箭头指向相反方向的路线，将其抵消掉。我们是有可能将这些路线两两配对，并且可以证明它们对于粒子到达 B 点的最终概率几乎是没有影响的。这个方法唯一不成立的地方就是接近从 A 到 B 的最短可能路线的路线。这个路线上粒子行进中的箭头经受了最少次数的转动，所有与这个路线相似的其他可能路线也将会有指向同一方向的箭头。[①] 因为箭头几乎都指向相同的方向，它们能够相加起来，把所有路径都加起来的净值结果是由这些少数的能够强烈相加的路线主宰的，然后所有其他的路线互相抵消。这告诉我们一个粒子最有可能的行动方式，和它能够从 A

———————————

① 这和一个山谷中的最低海拔高度是一个效果。在山谷的两边，相邻的位置由于斜坡的存在海拔可以是不同的，但是在山谷的底部——最低高度处——地面几乎是平的且相邻的地点高度几乎相同。同样的道理，接近最少旋转次数的所有路线互相都有非常相似的旋转次数，所以它们能够累积起来。

到达 B 的概率。如果我们在最短的路线上设置障碍，比如放在我们实验中有裂缝的隔板旁边，我们就必须重新进行加法——路径积分——然后我们得到新的表现，这包括了干涉图案，还有衍射等其他波状效应，就像观察到的那样。这样进行计算得出的结果与测量结果一致，测量结果不仅包括这些波状的特质，还包括粒状特质，如光电效应。

以上很多信息是需要消化的，向导指引着我们驶出海湾离开之后，船员们便开始了他们的各项工作，脸上都带着沉思的表情。在即将探索的土地上，我们将要遇见的物体并不是我们日常生活中所想的那些波或者粒子。但为什么会这样呢？我们正在驶向一个全新的领域。我们将持续使用像是"粒子"和"粒子物理"这样的词，但我们最好还是要记得我们所遇到的粒子不是我们所熟知的那样。它们是量子场能量的激发态。量子场在我们目前理解的物理世界蓝图中是无处不在的。现在我们所探索的是围绕和连接不同物理大陆的海洋。

当然，船只是一艘船，并且表现得如同一个巨大的粒子，并不是量子激发态。如果它走了什么奇怪的路线，它不会被其他的量子版抵消掉，因为船上的时钟显示的是不同的时间。尽管如此，向导还是专注于选择最短的路线前往原子之地。

第二次探险

进入原子之地

在原子中登陆——死老鼠、太阳以及化学中的标准模型——（请别提那些鼹鼠了）——一趟回溯的短途旅行——请留意电子，并且避开之前的向导——进入原子之地——布丁还是行星——原子之地的音乐——吉他课、壳和薛定谔

能量最低　　　能量最高

5

复杂而美丽的景色

在做好了会遇见稀奇古怪的波粒混合体的准备之后，我们怀着自信、激动和急切的心情靠近了原子之地的海岸。我们自信满满地觉得已经做好了探索内陆的准备，下船后即刻步行启程。

原子是化学元素最小的、不可分割的组成部分。请回想船上的玻璃纤维和构成玻璃纤维的硅原子。我们已经短暂地窥探了硅原子的内部，目睹了原子核以及它周围的电子。假如我们要打碎一个硅原子，我们可能会得到一些有趣的东西，但它也不再是硅了。日常生活中的各种材料都是由不同的化学元素组成的，每种元素的原子都是不同的，而且它们有时会组合起来形成分子。

虽然"物质有最小的不可分割的组成部分"这个概念可以追溯到古希腊时期，但是我们对原子的认知却是在近两个世纪通过仔细严谨的科学探索才获得的。在这些探索实验中，前人大多并没有直接借助能探测微小结构的高分辨率仪器。他们采用的方法是观察不同物质的特性，辨别它们如何组合并产生反应，然后精准测量它们的质量。探索者们采用了各式各样的、有创造性的实验技巧，包括用嘴巴尝、用鼻子闻、称重或是仅仅观察各种物质的特性和记录它们之间各式反应的产物。通过这些方法，大多数化学元素在 1745 年到 1869 年间被发现。

例如，18 世纪 60 年代，几个相互独立研究的科学家发现了空气中含有两种主要气体，一种能使火焰燃烧，并使老鼠表现得更加活跃健康；而另一种会熄灭火焰且令老鼠窒息。18 世纪 70 年代，对老鼠比较友好的那种气体——加热氧化汞也可以制造出的一种气体——被确定是含有氧元素的氧气。1772 年，一位名叫丹尼尔·卢瑟福的苏格兰学生在他的博士论文中推测，杀死老鼠的气体含有另一种元素——氮元素。

天文学也在元素的发现中掺了一脚。一个之前在地球上并未被知晓，但是存在于太阳之中的元素通过它放射出的特殊频率的光被发现。这个元素被命名为氦，得名于希腊太阳神赫利俄斯，而且随后在维苏威火山喷发的气体中被辨认出。1895 年，瑞典化学家佩尔·提奥多·克勒夫和尼尔斯·亚伯拉罕·兰格发现在酸里溶解特定的矿物质也能产生同样的气体，他们还分离出了足量的该气体以测量其原子质量。

约翰·道尔顿是 19 世纪在曼彻斯特工作的一位化学家、物理学家和气象学家。他进行了一系列极其严谨的实验[①]——组合、反应以及称重各种气体和其他物质，并且确认了在各类化学反应中有一些物质总是会由特定的比例组合在一起。他推测，这是因为化学反应事实上发生在各个物质的极小组成部分之间。他相信，这些极小组成部分具有明确的组合、重组以及制造出新的稳定物质的行为规则。例如，二氧化碳是由两份氧和一份碳组成的，水是由两份氢和一份氧组成的。如果反应物恰巧是正确的比例，所有原先的材料都会变成最终的产物；而如果比例弄错了，反应物会有剩余。

1869 年，俄罗斯化学家德米特里·门捷列夫根据已知化学元素的属性将它们排列成了元素周期表。元素周期表比单纯将元素排列整齐有着更深刻的意义。像门捷列夫那样根据元素的活泼性和质量排列出的元素周期表，揭示出的规律不仅反映了原子的内部结构，还具有预知能力。在他最初的元素周期表中，空缺即意味着有元素

---

① 我无法阻止自己去想，这些实验是道尔顿在研究曼城天气之余愉悦的休憩。

"缺席"，而这些"缺席"的元素自那以后全部都被发现了。在某种意义上，元素周期表是化学的"标准模型"，它也确实直接指向了粒子物理标准模型的开端。

原子之地向前来探险的我们展露了复杂而美丽的景色——组成日常物质的微小积木。我们期待着去更好理解这些积木令人着迷的行为。但是，在原子之地里，所有我们去过的地方，问过的人，都告诉我们，要想完全了解此地的经济和生态情况，以及掌握这里的居民究竟是如何交往的，我们还需要回到电子港。

6

汤姆逊的巧妙实验

短暂的航行之后，沿着我们来时的路线，我们再次停靠在电子港的海湾内。尽管之前喋喋不休的向导已经给我们上了一课，但是我们在原子之地的短暂停留告诉我们，在前往原子之地的内陆之前，我们还需要来自这里的更多答案。我们停船靠港后，一边分头寻找线索，一边暗暗希望不要碰见上次的向导。以下是我们所获得的信息。

电子是第一个被发现的亚原子粒子，这种微小的粒子最初是在所谓的阴极射线中被观测到的。阴极射线是一种金属在被加热时所放射出的奇特辐射。有些人认为这个射线是由粒子组成的，而有些人认为这个射线其实是以太里的波。在阴极射线被发现20年之后，1897年，英国剑桥的J.J.汤姆逊解决了这个问题，他确认阴极射线是由粒子组成的。

粒子都有明确的质量和明确的电荷。所以，粒子的质量和电荷的比值也是一个明确的数值。要想证明阴极射线确实是由粒子组成的，汤姆逊需要做的一件事就是证明无论使用什么材料产生的阴极射线，射线中物质的质量和电荷的比值也是不变的。只要阴极射线的这项比值不变，它就能被称作"粒子"。

第一个重要证据是阴极射线在电磁场中会偏转方向，就像一束带有电荷的粒子一样。因为在当时所知的波中，没有任何一种携带电荷，所以这个现象可以被视作支持粒子说的强有力的间接证据。

汤姆逊在阴极射线穿越真空区域时，对其施加了电场和磁场，并且精妙地平衡了它们。通过这个实验，他获得了支持粒子说的第二个证据。他成功的调试使得来自两种场的力量完全相互抵消，整体总受力为零。由此，光束的速度能被计算出来。[①]

最后，一旦速度被知道，磁场就可以被关闭了。接下来，射线在电场中偏转方向的程度能够完全确定电荷

① 粒子所受的磁场力同时取决于电荷和速度，它所受的电场力则只取决于电荷。所以当这两种力被操纵至相等的时候，未知的电荷能够通过一些运算被消去，而速度便能被计算出来了。

与质量的比值。① 汤姆逊观察到，电子的这项比值差不多比氢离子的比值要高 2000 倍。氢离子就是一个单独的质子——当时已知的最轻粒子。这意味着，要么电子携带的电荷比质子的电荷要大得多，要么电子的质量比质子要小得多。

我们可以通过许多方法来推断出这两个情况中哪一个是对的。最烦人的方法或许就是，设法把带电的小球悬浮在电力场中。而假如我们刚刚没有成功避开上次的向导大哥，他这会儿可能正要热情地向我们演示这套操作。作用于小球的静电场力同时取决于电场的强度和小球碰巧所携带的电荷量，如果小球处于静止状态——既没有下落也没有上升，则静电场力必须刚好抵消掉重力，而重力又取决于小球的质量。所以，如果电场的强度以及小球的质量是已知的，那么小球携带的电荷是能够被计算出来的。用不同的小球重复多次同样的计算，我们将会发现得出的电荷量一直是一个极小单位数量的倍数，我们将这个单位数量称为 e。小球所携带的电荷可能是

① 知道速度是至关重要的，因为它能告诉你光束在穿越隔离板之间的真空时，电子受到了多久的电磁力。电磁力的冲击会使阴极射线的光束偏转方向，其偏转程度和射线中粒子的电荷（电荷高意味着受到更大的电磁力，即更大程度的偏转）成正比，和质量（质量高意味着更大的惯性，即更小的偏转）成反比。结果就是偏转程度和电荷与质量的比值成正比。

e，也可能是 e 的 2 倍或 3 倍，又或许是 e 的 100 倍，但绝不可能是 e 的一半，或者任何比 e 小的数量。数值 e 就是一个电子所携带的电荷量。[①]

综合以上所有证据得出的结论就是，阴极射线中存在一种极小粒子——电子，且它有确定的质量和确定的电荷。因为电子比原子要小很多，所以人们合理地猜想：电子在被单独分开形成阴极射线之前是存在于原子内部某处的。

此刻，我们才真正做好了回到原子之地的准备，下一步将开始更深入的探索。

---

① 这是一个非常艰苦的实验，更不用想 1910 年美国物理学家罗伯特·米利肯当初花费了多大的心力才完成这个实验。他使用的甚至并不是标准的球体，而是油滴。如今在数不清的大学本科物理实验室里，许多眯着眼睛和不耐烦的学生们正在重复着这个实验，而他们大多数都不会成功。

7

充满戏剧性的发现

在电子港获取的知识使我们做好了去充分理解那里奇妙景象的准备，并充满信心地回到了原子之地的海岸。但是除了电子之外，原子内肯定还有其他东西。因为电子和原子相比重量非常轻，所以一定有其他的什么部分组成了原子的大部分质量。而且，因为原子的电荷属性为中性，所以其内部一定有什么是携带正电荷的，以平衡电子的负电荷。这个其他部分究竟是什么？且电子和它存在怎样的位置分布关系？

原子放射性的发现为我们提供了深入探索原子领域所必需的第一套工具。原子之地的腹地在它的东边。为了去探索内陆，我们需要比温和的阴极射线所提供的更高的能量。幸运的是，一些元素会自主放射出比我们目前所知的任何粒子都要高的能量，其具体原因稍后将加以阐明。这个"交通工具"将承载着我们穿过原子之地的崎岖山路。

最常见的自然放射效应之一为"阿尔法粒子"的放射。[①] 汉斯·盖格、瓦尔特·穆勒和欧内斯特·卢瑟福（又在曼彻斯特）三位物理学家组成了探索原子之地腹地的先头登陆部队，他们取得了探索原子内陆早期最具决定性的发现。他们使用了由新发现的氦元素在放射性衰变中产生的阿尔法粒子去轰击金元素的原子。因为阿尔法粒子含有较高能量，原则上它们完全能够轰击出藏在原子内部的其他的微小部分。换句话说，金原子内可能存在的组成部分，会使阿尔法粒子的行进方向发生偏转，而通过分析阿尔法粒子散射的角度以及它们散射现象发生的概率，原子的内部结构细节能够被推测出来。

在这个实验之前，没有人得以窥见原子内部的构造。关于原子内部究竟是什么样的，有几个不同的假说。一个描述原子内部构造的模型是梅子布丁模型，卢瑟福本人也十分推崇这个假说，即电子分布于整个原子内的空间，就好像带负电荷的梅子分布在带正电荷的布丁里。令人惊讶的是，梅子布丁模型里实际上并没有梅子[②]。而

---

① 其他常见的自然放射物为贝塔粒子，即电子，还有伽马射线，即光子。

② 显然，"梅子布丁模型"这个叫法有它特定的历史原因。

这份惊讶和盖格、穆勒、卢瑟福在用阿尔法粒子轰击金箔后所得到的惊讶相比，完全微不足道。在一个像梅子布丁一样的原子中，阿尔法粒子应当能够基本上横冲直撞地穿过整个原子，只有少量偏转现象发生。但是，虽然大多数阿尔法粒子几乎毫无阻碍地径直穿过了金箔，但是它们中的一些却被直直地反弹了回去。还有一些行进的方向发生了偏转，角度比像布丁一样松散的原子内部结构所能引发的偏转要大很多。卢瑟福曾有一个很著名的描述：这个结果就像向一张薄纸发射一颗15英寸的炮弹，然后炮弹反弹回来击中你。

这条来自原子内部的异常信息只能被解读为，原子内部绝大部分带有正电荷的质量，都只集中在一个比原子自身体积小几千倍以上的空间内。这就是我们现在所知的原子核。事实上，绝大部分的原子质量集中在大约 10^{-15} 的原子体积的空间内。如此高的集中度是原子核能弹回阿尔法粒子的原因。每一个原子的基本结构都是这样的：一个极重的原子核，被一片较轻的电子云包围着。在探险的下一站，我们将探索原子核对电子的束缚及其深远影响。

8

元素的琴弦

我们至今的探索告诉我们，原子绝大部分的质量集中在原子核。较轻的电子们闹哄哄地围着原子核，因为受到它们携带的负电荷与原子核的正电荷之间的电磁吸引，只能乖乖地待在原子核附近。这个构造很像一个迷你太阳系，较轻的行星以质量更大的恒星为中心环绕运行。然而，我们已知电子并不是经典粒子，这是另一个由它们的量子力学属性带来的巨大不同之处。原子的结构特性不仅决定了它们结合、反应后形成分子和化合物的方式，还解释了门捷列夫的元素周期表中的排列规律。

不同元素反应的活跃性取决于它们原子中电子被原子核束缚得有多紧。在原子之地的探索过程中，我们拜访了各种不同元素的原子。我们发现它们各个都含有不同数量的电子——足够平衡不同原子核的正电荷。但我们也发现，这些电子不像物质在经典物理学中那样含有任意值的能量。每种元素的原子都有自己特有的一套结合能，而每种原子具有代表性的结合能决定了它形成分子，以及同周围其他原子产生反应的能力。所有的化学及其衍生学科，都是由于结合能而诞生。我们像充满好奇的探险者一样，需要理解这一切是如何运作的：是什么原因导致了结合能的数值是固定的？

就像在之前的旅途中看到过的那样，一个有特定能量的电子也有和其能量相关的特定波长。而当电子在我们地图上的海洋中自由运动时，它能有任意波长，即此时它能量的大小数值是没有任何限制的。但当电子被限制在原子之地境内、紧紧地束缚于一个原子核上时，它便不能再具有任意大小的能量了。只有特定的能量是被允许的，也就是说只有特定的、非常特殊的波长是被允许的。

"波长是固定的"这一点将带领我们开始理解这里的电子究竟是如何运动的。事实上，还有其他像这样只有某些特殊波长被允许存在的情形，其中一个例子就是一根吉他琴弦发声时的谐振动①。幸运的是，我们的船上有

---

① 谐振动，又称简谐振动，指物体在与位移成正比的恢复力作用下，在其平衡位置附近按正弦规律做往复的运动。

一位能帮助展示这一点的吉他手。在原子之地的一个林间空地，当暮色降临时，我们安营扎寨，劈柴生火，围坐在篝火周围听吉他手分享她的见解，小小的电子们在头顶的树冠附近闹哄哄地飞来飞去。

乐器产生的每个音符都和声波的一个特定波长相关联。因为音调半截声波波长的整数倍必须正好和琴弦的长度相同，所以特定长度的吉他琴弦会发出特定的音调。琴弦的两端在弦桥和弦枕处（或品格处，在吉他手按下琴弦的时候）是固定住的，不能像琴弦的剩余部分一样振动。所以，波在琴弦上时两端必须有固定点，即振幅大小为0的端点。

这就导致了一根琴弦无法产生任意波长的声波。波长和琴弦长度相同的声波是可以的，因为它将在两边各有一个固定点，在琴弦的中央处还有另一个端点。波峰和波谷在琴弦长度四分之一和四分之三处，随着声音的波动不断互相更替。

波长为琴弦长度两倍的话也可以，这种情况下琴弦的中点会上下振动。事实上，这实际上是弦乐的低音和弦，吉他演奏的开放音符。重点在于，一根琴弦是无法弹出不允许琴弦两端为不动点的波长的声音的。

被限制在原子核周围的电子也和吉他琴弦一样。电子和原子核之间的最近和最远可能距离就像吉他的弦桥和弦枕——它们固定了电子绝对无法越过的端点，因此在端点处，与电子有关的波处于静止状态。也就是说，对于我们遇到的被原子核束缚的电子来说，只有特定的波长是被允许的。这进一步意味着，只有特定的能量是可能存在的。而特定的能量值又将进一步解释这些电子和原子核之间的奇怪构造。[①]

要想完全厘清逐渐在我们眼前展现的原子之地的内部结构，我们还需要最后一条线索。对于被束缚在原子内的电子来说，它们所能含有的所有能量等级是一张确定的列表——围绕大质量中心原子核的运动轨道的谐振动。你可能会推测，对于原子来说，最稳定的情形是所有电子都"下沉"到能级最低的状态，即所有电子演奏的都是最低音。但这不是我们所见到的情形。每个能级只允许容纳两个电子，然后这个能级就满了。任何后来的电子将会看到"座位已满"的标志，并不得不去占据下一个最低能量的能级。[②] 而这一个能级也只能容纳两个电子，并将剩余的电子推向更高的能级，以此类推。原

[①] 描述这些波的运动的方程式是薛定谔方程。它虽然没有薛定谔的猫有名，但却有用多了。

[②] 电子的这种不友好行为就是沃尔夫冈·泡利发现的"不相容原理"。泡利是造访这个世界的第一批探险者中的一员，不久后我们会再次碰到他。

子处于最低能态（即能量形态）时，所有的电子都处于它可能占据的最低能级，使高能级处于空缺状态。用之前的硅原子来举例，最低能态的硅原子的 14 个电子处在最低的 7 个能级中，每个能级 2 个电子。而钠原子有 11 个电子，它们将会填充至最低的 5 个能级中，并占据第 6 低能级的一半，即第 6 个能级中含有一个电子和一个空位。

原子通过以上的方法形成了电子壳层，壳内的能级被填满，壳外的层级空着，有时壳层的边缘处还会有空位。电子与能级的构造精细且复杂，它决定了一个原子的大小、产生化学反应和组成分子的难易程度。

这里我们有许多问题可以问。比如，为什么一个能级只能放下两个电子，而不是一个电子，或者是想放下多少就能放下多少？虽然此问题的答案我们目前并不知道，但是你无论怎样吹嘘该发现的影响之深远，都不为过。每种原子的能级都是独特的，甚至原子结合时形成的各种分子也有不同的能级。这个现象提供了一种在不直接接触物质的情况下辨认其成分的方法。

当电子在不同的能级之间跳跃时，它们会以光子的形式放射或吸收特定大小的能量，以此测量并辨认物质的科学被称作"波谱学"，它使我们知道了太阳、其他恒星以及它们之间的尘埃都是由什么物质组成的。因为只有特定的离散能级存在，所以能级间的跳跃能量差也是特定的。因此，只有特定能量的光子才会被吸收或放射。在穿过物质的光线的光谱中，被吸收的光子的波长范围会以暗线显现出来，而物质被加热时释放的光子会以亮线的形式显现，就像钠灯的光谱中充满代表性的黄色亮线。用光谱仪精确测量其具体的黄色之后，我们便能够确认钠就是那种灯的主要组成部分。同样的，其他物质的光谱图中的光谱线让我们能够得知其中含有何种原子。举个例子，这个原理解释了之前"特定的光频率"是如何让我们在太阳中发现了氦元素。

我们发现，原子和分子的电子排布——原子之地的详细地理信息——处于成百上千的电子伏特①的能量区间。电子的排布规律不仅对于确立电子和光子的量子特性至关重要，还能告诉我们究竟什么元素存在于恒星和遥远星系的尘埃中。它为更深层次的探索提供了许多的灵感和信息。电子和光子如何相互作用——量子电动力学——是粒子物理标准模型中被开发出来的第一部分理论。精确的原子物理测量手段也在完善这个理论时发挥

―――――――――――

① 1电子伏特（eV）为1个电子经过1伏特电势差的加速后所获得的动能。所以，1块12伏特的电池能使1个电子加速至12eV的能量。要想将电子加速至上百万电子伏特，我们需要几十万块这样的电池，或是一个衰变中的原子核的核能。

了至关重要的作用，这一点我们在之后的旅途中也将会看到。

原子之地，以及我们在这一路上所学到的量子理论，是去往粒子物理世界广阔天地的出发点。旅途的下一步，我们将又一次去往我们初次登陆的海岛，也就是电子港所坐落的海岛。当我们到达原子之地的最南端时，我们发现了一座桥和一家汽车租赁店。于是，我们过了桥，租了一辆车，并沿着公路驶向电子港腹地的全新地带。

第三次探险

神秘的轻子岛

上路——麦克斯韦——力的统一和互相转换的能力——万变不离其宗——相对论、量子力学和一艘可以用来南下探险的高性能的轮船——解决旧问题，发现新世界——一路向东

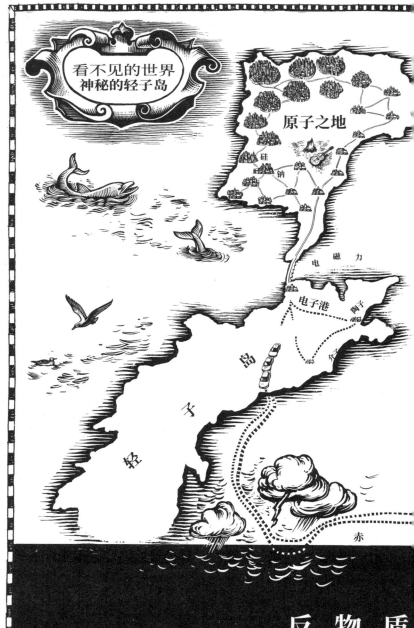

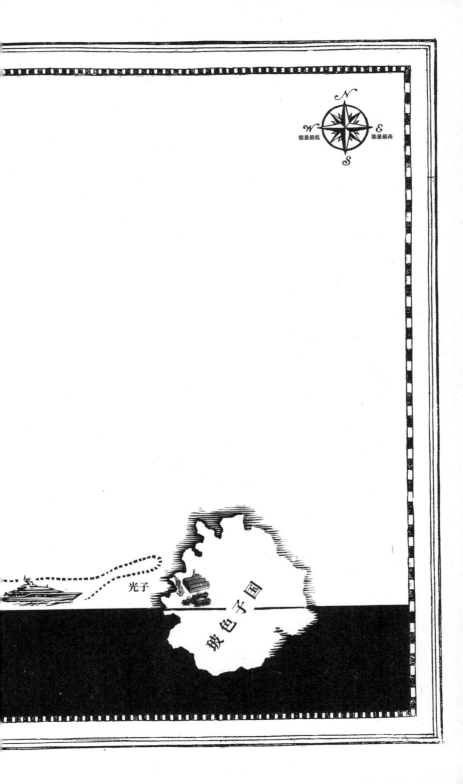

能量最低

能量最高

光子

玻色子国

9

现实中的"魔霸"：万物皆力

将电子、原子核等地图上的重要景观联系在一起的力是电磁力。电磁学可以被量子电动力学完全描述。量子电动力学是我们已经遇到过的费曼、施温格和朝永振一郎提出的量子场论。电磁力扮演了将原子之地各处连接在一起的重要角色，不仅修建了我们来到这里时走过的那座大桥，还铺设了我们正在行驶的公路网络。电磁力的携带者是光子，即我们已经碰到过的光的量子形式。我们第一次登陆这个海岛时，到达的是电子港，现在随着我们的深入探索，我们将更仔细地观察电磁力的运作方式。这次旅程将会充满惊奇的发现，并且会改变我们对空间和时间的看法。

在我们探索原子之地时，我们曾看到电子被束缚在原子核里一系列复杂的能级中，因为电子是携带负电荷的量子粒子（quantum particle），被带正电荷的原子核吸引。要想继续往东走，见到原子核，我们需要有几百万eV能量的阿尔法粒子才行。只是看见原子核周围的电子，需要的能量相对比较少——几千eV就行了。这差不多也是一个典型的原子中的电子"结合能"的大小。

结合能是一个将会在我们的地图上经常出现的重要概念，它代表了粒子在分开状态和结合状态时的能量差。任何复合的粒子中都存在结合能，这意味着要想使粒子分开，必须消耗能量。你也可以从结合能的角度来分析一艘从星球上发射的宇宙飞船；宇宙飞船和星球是一个存在束缚关系的系统。要想分开它们，你需要投入许多来自火箭燃料的能量，以使飞船达到逃逸速度。同理，要想把电子从原子中剥离开来——使其成为离子，或最终制造出电子和离子都向四处自由运动的等离子体，系统中必须增加额外的能量。假如你想从原子那里解放被束缚得最紧的电子之一，你必须给电子增加能量，否则原子核是不会放手的。结合能的大小决定了原子之地在我们整张地图上的经度。电磁吸引力使结合现象得以产生。

事实上，我们现在所说的电磁力是以前两种被认为互相独立的力的结合。第一种是静电力，两个带电荷物体所产生的互相吸引或排斥的力。如果它们都带负电，或都带正电，则会互相排斥。如果一个带负电，一个带正电，则会互相吸引。大部分物质是电中性的，因为带正电的原子核刚好中和、抵消掉了电子所带的负电。虽然如此，如果你用一个气球在你的头发上来回摩擦，会使电子在两者间转移，导致电荷不平衡以及静电吸引的产生。

除了静电力，如果两个带电物体还存在相互运动关系——比如两根电线中往相反方向流动的电流中的电子，它们还会受到磁力的影响，而磁力不仅取决于它们的电荷，还取决于速度。[①] 地球的磁力场会改变电流方向，这个现象是由地核内电流的流动造成的。

但是关于这些力，我们有许多疑问。既然电力和磁力都取决于电荷，那这两种力肯定是有关联的。但是，它们如何关联？而且，带电粒子间的力是即刻产生的，还是有某种介质携带了这种力？如果存在这种介质，它是什么？运动速度有多快？在电荷发生距离变化、运动改变或产生旋转的时候，它们之间的力会受到怎样的影响？

这些问题并不是抓着晦涩的细节不放，而是直指物理学的内核。探寻并深刻理解以上问题的答案是很重要的，不仅因为我们（和往常一样）想要刨根问底，还因

---

① 请回想一下，在之前的内容中，J.J. 汤姆逊就是通过平衡这两种力发现了电子。

为电子在电磁力影响下的细节表现是促成大多数自然现象产生和现代科技的关键。

先不考虑生物方面的现象：在我们船底吱吱嘎嘎工作的泵用的是电动马达；在旅途中我们用来导航的是指南针；伴随探索的过程，我用来记笔记的是一台塞满了电子科技的笔记本电脑；在将记录全部完成并邮寄给我的出版商时，我会用 Wi-Fi 或无线手机信号；所有在我之后阅读这些文字的人，都是凭借光的帮助，除非他们使用的是盲文或有声版本。所有这些事物和现象，包括光本身在内，都可以通过研究电荷和电磁场之间的关系来理解。

以上所有现象都属于电磁学。而最初电力和磁力的统一为量子电动力学的诞生做了铺垫，并且解释了光学、无线电和 Wi-Fi 原理的，是苏格兰物理学家詹姆斯·克拉克·麦克斯韦 1865 年发表在英国皇家学会《哲学学报》上的麦克斯韦方程组。[①]麦克斯韦方程组不仅将磁场和电场联系在了一起，还解释了它们与电荷和电流的关系。它具体表现了：电磁场能使电荷移动；虽然电场是

---

① 虽然麦克斯韦在 1864 年就提交了论文的初稿，但是和所有其他的科学家一样，他的论文需要经过同行评审才能发表。在 1865 年 3 月的一封威廉·汤姆森（后被称为开尔文勋爵）的来信中，他抱歉地表示，他评审论文的速度很慢，但他已经读过论文的大部分了，并且总体看上去不错（"毫无疑问可以出版"）。

由于电荷的存在而产生的，但是并不存在"磁荷"；改变磁场会产生电场，反之改变电场也会产生磁场。麦克斯韦方程组具体地展示了这一切现象都是如何发生的。而且，麦克斯韦方程组的确立意味着电荷是守恒的：改变在某限定体积内的电荷数量的唯一手段，是采用电流将电荷带进去或带出来；电荷不会无端消失，也不会凭空出现。

麦克斯韦方程组的确立其实是一个"博采众长"的过程，即麦克斯韦实际上是将描述以前各种实验结论的已知物理法则收集在了一起。例如，1831年，伦敦英国皇家科学研究院的迈克尔·法拉第发现了将磁铁穿过带电的线圈时会产生流动的电流——这个现象被称作"电磁感应"。麦克斯韦事实上是在法拉第电磁感应法则的基础上搭建了电力与磁力的"大统一理论"，这个理论包括了"电荷互相吸引"，也包括了"电流产生磁场"。除了收集并且统一当前已知的电磁法则，比如法拉第的电磁感应效应，麦克斯韦也在方程式中加入了他自己的发现，即电场的改变才是产生磁场的原因，即使没有任何电荷或电流存在。麦克斯韦将这个概念和其他的方程式放进了一个统一的框架。令人惊叹的是，这个框架不仅揭露了深刻的物理原理，还解释了丰富的物理现象。

重要的是，麦克斯韦方程组体现了即使不存在电荷，电场和磁场也是可以存在的。变化的电场会产生变化的磁场，同时，产生的磁场中的变化又会使电场产生更多改变，不断循环下去。把这一点体现在数学上的话，我们可以通过变换和组合麦克斯韦方程组的各部分得到波动方程——描述行进波的方程，我们之前在观察海湾中的海鸥时曾遇到过。而且，因为电场和磁场能够形成行进波，它们也能携带能量和信息。

用公式变换组合出的波的速度也能从公式中被计算出来，并且是每秒3亿米——光速！这种波，其实，就是光——电磁辐射，在量子术语中，也叫光子。光波有许多种不同的形式——可见光、无线电波、Wi-Fi信号波、X射线等等。不同的光会和不同的物体产生不同的反应——各类物体会以各种方式吸收或反射各种光，而这仅仅是因为这些光的波长——光波连续波峰之间的距离——不同。在我们的旅程中，光子会陪伴我们一路，从最低能量的西边到最高能量的东边。它们是我们地图上将一切联系在一起的带电荷的公路网络。虽然它们之间可能看上去毫不相像——可见光看上去和伽马射线可不怎么像，但是在麦克斯韦方程组和量子电动力学中，它们都是电磁场的波。

10

优雅的数

在对看不见的世界进行探索的过程中，方程式是一个关键的资源。它能将这个世界各个单独的事物互相联系在一起，并且为这些事物的表现提供新的见解——就像我们从波动方程那里得到了许多信息一样。事实上，没有其他地方比我们正行驶的道路更能体现方程式的有用了。因为麦克斯韦方程组是非常强力的新资源，所以它们值得被更深层次地探讨，以寻求它们所具有的更深层次的内涵。

麦克斯韦方程组适用于三维世界，它将指向不同方向的场联系在一起。举个例子，南北方向的电场的大小取决于东西方向的磁场大小。麦克斯韦将每一个向量的组成部分、每个方向在 20 个单独的方程式里都罗列了出来。或许这也是为什么开尔文勋爵花了好一段时间才看完麦克斯韦的论文。

相比于 20 个单独的方程式，麦克斯韦方程组还有一种更为优雅的表达了相同信息的写法，这种写法同时揭露了它的一些重要特性，而这些特性将会成为我们在物理世界中不可或缺的导航工具。如果我们采用数学概念中的向量的话，麦克斯韦方程组可以被写成短短的四行。[①]

数值是基本的数学概念，它能被用来描述物体的尺寸、某种属性等。比如，我们旅行中乘坐的车的重量，还有它在努力爬坡时引擎的温度，都是数值。而像一支箭那样同时含有大小和方向的物体，我们可以用另一种数学概念——向量来描述。举例来说，速度是向量，要想说明我们汽车的行进状况，我们不用说它在南北方向和东西方向分别行进得有多快，而仅仅提供一个向量就可以。该向量的大小为汽车的速率，指向角度为汽车的方向。同理，电场也同时有大小和方向，也能用向量来描述。

除了省墨水外，向量形式的麦克斯韦方程组明显地展现了它内涵的某种对称性：像圆球似的，从任何角度看都一样。假如我把公式中向量的方向旋转一下，把北

——————————

[①] 爱丁堡皇家学会的麦克斯韦雕像脚边的麦克斯韦方程组就是这个形式。

变成东或者西南，或者任意方向，只要我把所有的方向、坐标轴一同旋转，那么就不会有什么改变发生，方程组仍然成立。物理学家或数学家称这个方程组在旋转的条件下具有"不变性"。[①] 即使我们变换方向行驶，从往东开换成往北开，麦克斯韦方程组仍保持不变。

寻找类似的不变性和对称性，能帮助我们在"看不见的地图"上找到合适的行进路线，它是最为可靠的指导方法之一。除了旋转不变性外，麦克斯韦方程组中还隐藏了另一种不变性，即如果速率改变，方程组仍保持不变。虽然速率不变性体现得没有旋转不变性那么明显，但我们也可以从关联了移动中电荷（电流）和其产生的磁场的方程式中看出端倪。如果我改变自身的移动速率，那我便会改变电流相对于我的表观速度，我甚至能加速至电流速率，和它齐头并进。这样从我的角度来看，电流便不存在了！那么，在这种情况下，麦克斯韦方程组会给我们描述一个怎样的磁场呢？

因为在我们不断扩展的地图上，相连的道路代表了电磁力，所以让我们用道路和车流的概念来进行一次测试或一次思想实验。假设，有一连串的汽车以 50 千米 /

① 事实上，这也是我们为什么能省墨水——当我们把具体的各个方向部分压缩进向量的形式中，并以此写方程式的时候，向量的绝对方向在方程式中是不会出现的。这里的物理定律和具体的方向无关。

小时的速率从我们身边经过，每辆车携带着一大盒电子，也就是说它们均携带了负电荷。车流可以被视作一道电流，而麦克斯韦方程组告诉我们，我们会感受到电流产生的磁场，还有电荷产生的电场。事实上我们也确实会看到这两种力场的存在，并且能够测量其具体强弱、大小。

现在，想象我们也将自身速率加速至 50 千米/小时，且行进方向与车流方向相同。我们现在便在和它们一起运动。因为，相对于我们而言，它们是静止的，所以在我们的视角下，不会再有电流，也不会再存在磁场。

仅仅因为我们的速率增加了，物理事实就改变了吗？从某个路边行人的角度来看，电流仍然存在，所以依据麦克斯韦方程组，什么都没有改变——磁场仍然存在。所以我们各自需要不同版本的麦克斯韦方程组吗？那么，假如有以其他速度行进的第三个人，比如以 50 千米/小时的速率往反方向行进，他看到一道更强的电流吗？

答案是，我们仍使用相同版本的麦克斯韦方程组。最初的形式仍然管用，因为它在观测者的速率的改变下保持不变。确实，对于我们来说，因为电流消失了，所以磁场会消失。但是由于电场会产生微妙的变化以补偿消失的磁场，所以最后所有电荷的运动和力的关系仍保持一致。这看上去几乎是一个奇迹，但却是被麦克斯韦方程组完全限定好的。因此，电场和磁场被称作具有"协变"关系——它们会以一种保持麦克斯韦方程组形式不变的方式一起变化。而对我们来说，无论我们和其他观测者的相对运动速率差有多大，所有人只需要一个版本的物理法则就够了。

麦克斯韦方程组的速率不变性有非常深远的影响。还记得吗，麦克斯韦方程组可以被用来算出电磁波的波动方程，以及光的速度。无论我们作为观测者的运动速度有多快，如果麦克斯韦方程组都是一样的话，那么光的速度也是一样的。光速具有不变性。

光速对于任何人、在任何时候都是一样的，无论他们自身的速率是多少。这是奠定了爱因斯坦相对论的一个基本原理。在旅途中，我们将会遇到许多速度极快和能量极高的粒子。要想正确描述它们的运动状态，我们必须使用相对论。相对论还将能量（E）和质量（m）通过有名的等式 $E=mc^2$ 联系在一起，其中 c 便是光速——最初我们从麦克斯韦方程组中得出的波的速度。

作为一组 19 世纪的方程，麦克斯韦方程组真的告诉了我们许多信息。它主宰的电磁力将电子束缚在原子核，将原子之地各个分散的部分连接在一起。所有带电的粒子除了互相吸引或排斥外，都能将光子来回传递，这种传递组成了连接众多知识岛屿的重要公路网络。此外，方程式还向我们展示了一个装着基本原则和重要概念的工具箱，比如不变性和相对性，帮助我们进行进一步的探索。

II

给薛定谔的方程"加点料"

对麦克斯韦方程组的探索，教会了我们一些量子色动力学背后的物理原理，并且让我们踏上了连接原子之地和电子的公路网络。麦克斯韦方程组将帮助我们在旅途中遇到的岛屿的内陆穿行。同时，它也将爱因斯坦的相对论带进了我们的视野。虽然我们已经知道了没有量子力学，原子之地的一切都不会存在，但是麦克斯韦方程组本身并不属于量子力学的范畴。通过分析相对论和量子力学是如何在量子电动力学中合二为一的，我们将会有巨大的出乎意料的收获。

就像我们已经看到的那样，原子周围的电子具有波状特性，这一点无论是在化学还是物理理论中都至关重要。电子的波状表现必由某种形式的波动方程控制着，因为所有波都是如此。而在能够用来描述电子的波状表现的方程式中，最简明扼要的是 1925 年由埃尔温·薛定谔推算出来的。薛定谔方程巧妙地利用了粒子在经典物理学中能量和动量之间的关系[1]，别出心裁地从中获得了一个波动方程。他所采用的方法是，重新定义粒子的能量和动量为一种新的物理概念——隐藏量子"态"。这种量子"态"包含了该粒子的全部信息，粒子的能量取决于"态"如何随着时间变化而变化，而动量取决于"态"如何随着距离变化而变化。

但是，仅仅这样，已经不够。我们需要把相对论加入其中。

这有点像我们有一艘很好用的小船，载着我们在原子之地的外围海滩划来划去，在各个岛屿的海岸线上探索。但是我们需要一艘更多功能、更耐用的船带我们走得更远。我们需要一艘更大的船，而这就是狄拉克方程出场的由来。

能量和动量在相对论出现之前的经典关系可以追溯到 17 世纪艾萨克·牛顿等人的发现。他们得出的结论是，动能——物体运动的能量——是二分之一乘以质量乘以速度的平方。在薛定谔的巧妙操作之后，原先的动能公式变成了告知我们量子粒子运动状态的波动方程。

---

[1] 能量等于动量的平方除以两倍的质量，$E=p^2/2m$。这个公式和更为人熟知的动能公式 $E=\frac{1}{2}mv^2$ 是等价的，此处的 v 为速度。

这个方程在预测电子等粒子的行为表现上有极大的作用，它的预测包括了许多微妙的量子效应——例如，我们之前探索过的，原子周围电子所具有的能级现象。但是，因为经典物理学中能量和动量的关系只在物体运动速度比光速小得多的情况下才生效，即相对论对我们的启发并没有被体现在原先的公式中，所以随着我们不断探索更高能量的（还有更快速度的）粒子，我们需要改善原有的薛定谔方程，加入相对论的效应。

与之前薛定谔获得波动方程的方法相似，最明显的改善方案是采用爱因斯坦的动能和动量之间的新关系，然后进行同样的替换处理。即能量会告诉我们量子态如何取决于时间的变化，动量告诉我们量子态如何取决于位置的变化。这样我们得出的新波动方程在物体速度接近光速时也是成立的。

爱因斯坦的能量公式 $E = mc^2$ 的完整形式中包含了粒子的动量、能量和质量，它将能量的平方、质量的平方以及动量的平方联系在了一起。[①] 于是，当我们尝试把能量公式的完整形式也转换成量子波动方程的时候，我们

---

① 如果你想知道的话，完整的公式是 $E^2=m^2c^4+p^2c^2$，这里的 E 是能量，m 是质量，p 是动量。在动量为 0 时，公式简化为 $E^2=m^2c^4$，此时取两边的平方根我们就能得到熟悉的 $E=mc^2$。而且，也可能是 $E=-mc^2$（见下文）。

遇到了一个问题：含有未知数的二次方的方程一般有两个解。如果我知道某未知数的平方等于4，那这个数是多少？它可能是2，因为2的平方——2乘以2——是4。但是，它也可能是 –2，因为 –2 乘以 –2 也是4。同理，–E 乘以 –E 和 E 乘以 E 也是一样的。这样看来，我们的新方程允许能量为负数的粒子存在，而这不是一个能轻易理解的结论。什么是一个能量为负数甚至质量为负数的粒子？这其实是一个相当重要的问题。

请回忆一下，要想得到关于量子粒子的正确信息——它们如何运动、会去哪里、如何互相反应或结合——我们在计算时必须囊括进所有可能的运动和最终可能出现的地点。只有那时，我们才能获得粒子在自然状态下严格意义的波状和粒状表现集合。这意味着，我们不能挑选波动方程的解，所有可能的解都必须被考虑。而这也意味着，我们必须允许电子含有负数的能量——很多很多负数的能量。而我们在自己的周围乃至自然界中，并不会见到这样的粒子。

更糟糕的是，那些能量为负的电子会让能量为正的电子"陷入"它们，然后消失掉。这样一来，电子的数量便不会守恒。这对于一直遵循电荷守恒定律的我们来说是非常坏的消息，而且，这和麦克斯韦方程组完全矛盾。

事实上，以上推论和电子的实际表现完全不符。所以，至少对于电子来说，产生量子波动方程的默认方法是失败的。我们确实需要一艘更大的船。

之所以存在负数解，是因为能量在方程式中以平方的形式出现，而我们真正需要的是含有没有被平方的只出现一次的能量的方程式。[①]

所以，总结一下现在的问题：要想在了解粒子的旅途上走得更远，我们需要以下这样一个方程。它必须符合相对论，但是它所包含的能量和动量不能被平方，即应为这种形式：能量等于 A 乘以质量加上 B 乘以能量，其中 A 和 B 是需要求解的未知数。这样的方程我们在数学中经常会碰到。只要找到 A 和 B，我们就走在康庄大道上了。

问题是，没有任何数字在被带入 A 和 B 之后能使等式成立。要想等式成立，你需要 A 和 B 两项无法"交换"。这并不意味着，A 和 B 是在家中工作或是在店铺楼上生活。"交换"在这里的意思是 A 乘以 B 和 B 乘以 A 是完全一样的。所有的数字都具有可交换性，比如学

———————

① 薛定谔方程式符合这个条件。但是因为在相对论中，能量和动量（还有时间和空间）不再能被完全分清，所以公式中出现的动量和能量必须有相同的指数级。在薛定谔方程式中，能量没被平方，但动量是被平方了的，所以不行。

校里教的乘法表上的内容，全都体现了可交换性，即如果我们已知 5 乘 6 是 30，那么 6 乘 5 也是 30。甚至，像是 –1 的平方根这样的虚数，因为足够奇怪，所以你可能会觉得它有许多不同的特性，也是具有可交换性的，所以它并不能帮助我们获得所需的相对论波动方程。①

此时你或许会很想放弃，把剩下的所有地图留为空白。或许，亚原子粒子的行为就是无法用数学表述的；或许，没有波动方程能在准确描述电子表现的同时符合相对论；或许，对于我们来说这些水域过于凶险，道路过于崎岖。

保罗·狄拉克没有这么觉得。他在 1928 年遇到了这个挑战——找到描述在相对速度下运动的量子粒子的方

———————

① 为了继续我们的探险你不需要完全理解这究竟是怎么回事，但是如果你想知道的话，以下是具体解释。我们想要一个形式为 $E=Am+Bp$ 的方程式，同时它也要遵守 $E^2=m^2c^4+p^2c^2$。如果我们将第一个公式平方，我们需要把所有项分别和自己以及两两相乘，得到 $E^2=A^2m^2+（Am×Bp）+（Bp×Am）+B^2p^2$。现在，我们拥有两个等于 E 的表达式，因此它们一定是相等的：无论 m 和 p 取何值，$m^2c^4+p^2c^2$ 一定等于 $A^2m^2+（Am×Bp）+（Bp×Am）+B^2p^2$。如果我们使 A^2 和 B^2 都等于 c^2，这将会消去等式两边所有含有质量的平方和能量的平方的项，等式一边仅剩（$Am×Bp$）+（$Bp×Am$）。要想使其值等于 0（因为我们需要方程式对任何粒子都成立，所以 m 和 p 可以取任意值），只有满足"A×B 等于 B×A 的负数"这个条件。但是对于任何数来说，A×B 都等于 B×A。所以 A 和 B 不可能是数字。

程式。他的方程式中包含了一个奇特的数学形式。虽然在我们至今的探索中都没有用过这种数学形式,但幸运的是,它一直在我们的工具箱中,等着被启用。

注意到确实存在不具有可交换性的数学对象是重要的第一步。矩阵就是这种数学对象之一。在数学定义中,矩阵是一系列排成行和列的数字。它们的运算——如它们应该被怎样相乘等等——由特定的规则决定。[①]数学家经常会做这种事——定义一些有特定运算规则的新的抽象数学概念,然后对它们进行一系列运算尝试,看看它会产生什么有趣的结果。从数学的角度看,这些数学家的新玩具是否和物理世界具有联系是完全不重要的。但是,对于寻找不具有可交换性的数学对象的物理学家来说,这些新玩具组成了帮助他们更好解读神秘的物理画卷的法宝。矩阵可以代替数字填补我们尝试建立的等式中的空缺。矩阵使等式成立,而且,矩阵的数学规律还能帮助我们对该方程式的物理含义进行预测。在狄拉克的发现中,这个含义是惊人的。

能使狄拉克的方程式成立的最简单矩阵为4行4列,

---

① 从数学的角度看,"数字"几乎可以用来表示你所想到的任何概念。但当我们想要借助数字来帮助我们理解物理现象和概念时,它们便会具有特定的含义。例如,当我们沿着某方向将一个磁场旋转某角度时,一个矩阵中的数字可以用来表示该磁场中不同方向的组成部分分别是如何改变的。

即每行每列都有 4 个数字的矩阵。和薛定谔方程中的未知项一样，这些矩阵将被用来与具体描述一个粒子的量子场相乘。但是矩阵的运算规则决定了与它们相乘的对象也不再仅仅是数字了。相乘项必须有 4 个组成部分，排成一小列。一旦你决定了采用矩阵，你便需要 4 个，而非仅仅 1 个量子场去描述 1 个粒子。或许你已经预料到了，"量子场有 4 个组成部分"这个事实有着真实的物理影响。它带给我们的新启示将引领我们深入南方继续探险。而且，它还将解开一个我们很久之前在原子之地遇到的谜题。

12

最惊人的存在：反物质

从海岛的南岸向东南方眺望，海上的天气看上去极其阴森可怖。一些较为迷信的船员害怕我们会迷失在深海中，甚至觉得我们会从世界的边缘坠落。但是，我们现在有了狄拉克方程，和它一起的还有矩阵，以及包含了 4 个量子场（之前只有 1 个）的向量，这些工具帮助我们建造好了一艘经得起恶劣风浪的新船，它将带领我们进行粒子物理世界最令人惊叹的一次冒险。而且，我们遇到了一件使大家信心倍增的事情：在建造新船的过程中，我们解出了一道古老的谜题。谜题的内容是我们之前在原子之地碰巧听到的。

在之前的探险中，我们发现被束缚于原子周围的电子是被限制在特定能级中的。我们同时还注意到了另一个奇特的现象：每个能级中只能装下两个电子。虽然这一点的真实性毋庸置疑——化学和波谱学的所有内容都可以为其作证，但是为什么是两个呢？即使我们能够接受在容量有限的空间内，我们无法将大量电子都塞进相同的能级内，"2"看起来也是一个过于特殊的数字。为什么不是一个？或者十个呢？

这个现象背后的"不相容原理"深深地扎根于我们用来描述电子等所有量子粒子运动的量子场论里。而且就像量子的大多数现象，它被引起的最根本原因是"对称性"。此时，我们讨论的"对称性"指的是"交换成对的、完全相同的粒子"这个操作所蕴含的对称性。

这个对称性听起来似乎没有意义。你可能会觉得，交换一对一模一样的粒子对任何事物都不会产生任何影响，因为根据定义——它们是完全相同的。但这一点在量子力学中不完全正确。测量真实的物理属性数值的概率取决于量子场中数字的大小，而非它的符号。–1 和 1 都具有相同的大小——1！所以，交换两个相同的粒子如果对它们的量子场没有影响（这就是该对称性乍一看没有意义的原因），就显然不会对可观测到的物理数值产生影响。但是，即使交换能够改变量子场数值的符号为负之前的任意值，它对可测量的物理属性仍然毫无影响。量子粒子似乎在利用一切可能机会变得怪异，即有些粒子具有第一种行为模式（场以及可观测物理属性均没有变化），而其他的粒子具有第二种行为模式（场的符号会变，但可观测物理属性的符号不变）。前者被称作玻色子，后者为费米子。

那么，在一个原子中，有两个或更多一模一样的电子在同一个能级里的概率是多少？就像往常一样，对于量子力学，我们需要将所有可能存在的不同路线都包括进去。因为电子是费米子，所以根据费米子交换后的对称性，有两种可能的状态——一种和其他电子交换过位置，另一种没有交换过。因为这两种状态的粒子具有相同大小、正负相反的量子场，所以它们会相互抵消，就像海湾里的波浪有可能会处于异相而使海鸥纹丝不动。因为两种状态下的电子的量子场互相抵消，所以在同一个能级中出现两个一模一样的电子的概率是0。

这便是不相容原理。它体现了能级是怎样被填满的。但是，它并没有解释为什么各能级有两个电子。根据不相容原理，每个能级中只能有一个电子。

除非……两个电子并不完全相同。之前，狄拉克方程已经告诉我们，一个电子必须匹配四个量子场。其中，两个量子场决定了原子之地的能级会被两个电子所占据。这两个量子场决定了电子不同的"自旋"。自旋是电子所具有的内蕴角动量，你几乎可以将它们视作真的在旋转。自旋是决定一个粒子许多表现和状态的非常重要的属性。

电子有二分之一单位的自旋，指向两个转向——我们一般称为顺时针和逆时针——之一。自旋的存在意味着，除了因为携带电荷而产生磁场，电子自身就能产生一个极其微小的磁场。这个磁场会影响电子与原子核的绑定状态，而且这个磁场是能被测量到的。例如，假如一个原子被放置在外部的强磁场中，它的每个能级都将会分裂为两个小能级。之所以这样，是因为当由自旋产生的磁场和外部强磁场方向一致时，和当由自旋产生的磁场和外部磁场方向相反时，两种状态下的粒子所具有的能量是不同的。能级内部的这种分裂已经被精确地测量过了，是狄拉克方程告诉我们它们发生的原因。

事实上，不相容原理和决定一个粒子是玻色子还是费米子的要素，都被严丝合缝地包裹在了自旋这个概念中。像电子一样的费米子都具有半整数的自旋，而像光子一样的玻色子都具有整数的自旋。

但是狄拉克方程中其他的两个组成部分又会给我们什么启示呢？此刻，便是我们开动新船扬帆出海的时候了。我们一路向南，进入风暴。

在当初狄拉克获得他的解的时候，并没有类似于自旋的物理特性在等着被矩阵的各个组成部分解释。狄拉克的解看上去有点像之前给我们造成的能量为负数的解，但与其不同的是，它们所代表的是与电子电荷相反、质量相同的电子。

在当时已知的粒子中，并没有携带正电荷的电子，这对于狄拉克来说是一个问题。且他曾强烈提名质子为电子的所谓"反粒子"，尽管两者的质量相差极大。事实上狄拉克并不需要太过担忧。当时，物理学家们已经在忙着拍摄当宇宙高能粒子撞击地球大气时产生的零碎粒子了。就在狄拉克完成预测的几年之内，人们便从这些照片中发现了清晰的线索：某种粒子的运动距离和其在磁场中改变的运动轨迹表明，它们和电子有着相同的质量，但是却携带正电荷。这种粒子被称作正电子——电子的反粒子。而随着之后我们不断制造出更高级的探测器和高能粒子加速器，所有其他由狄拉克方程所描述的粒子的反粒子都已经被发现了。

以上就是我们在向南航行时的发现。这个世界是一个球体，而不是一个平面。这个世界是有赤道的，而且跨过赤道你将会发现一条全新的地平线。赤道南端的半球是反物质，能将我们载去那里的新船是由数学、相对论和量子力学提供马力的狄拉克方程。我们在赤道北边发现的每一种粒子在南半球都有其对应的反物质版本：正电子是电子的反粒子，反质子是质子的反粒子，等等。

反物质是粒子物理世界中最惊人的概念之一。在科幻小说中，反物质经常以某种强大武器的形式出现，无论其具不具有毁灭性。这主要是因为，当物质与反物质相遇时，它们会相互湮灭，发光发热并释放巨大的能量。但在现实生活中——或许你会觉得有些惊讶——反物质在被投入战争之前，已经先被投入了医药领域的使用。反物质这个概念是一次惊人的、对于新物理知识的大胆预测，它诞生于人类的想象力和理性思维的结合，而且稍后便有实验揭示其正确性。虽然在科幻小说中经常出场，但反物质的存在是确凿的科学事实。物理世界新半球的大门被一系列较为艰深的数学方面的摸索打开了。数学告诉了我们一些惊人的有关自然的新知识，但或许比这产生了更深远的冲击的是，能被观测到的反物质的存在向我们展现了抽象的数学概念和具象的物理现实之间深刻的联系。我们建造的新船的航行距离之远、性能之强大确实令人惊叹。

在航程的最后，我们有一个锦上添花的发现，就在我们打算掉头驶回有电子港的那座海岛之前，朦胧中，另一片海岸从视线中飘过。一位更有经验的水手告诉我们，这便是玻色子国所在的大陆，并且也是我们一路上经常碰到的光子的故乡。但我们显然要在以后的旅程中才能去探索那里。此时此刻，我们身负要事，需要再次回到电子港附近。

13

上帝的魔术手:
最可能发生的就是什么都没有发生

———————

狄拉克方程、麦克斯韦方程组和相对论在量子电动力学中被汇集为一体。量子电动力学就是我们在陆地上除了地图之外用来导航的神器——量子场论。从南边携带许多新知识归来的我们,又一次在电子港登陆了。之前因为我们一心想着去往原子之地,便把这周边的内陆地区给忽视了。这次,我们将重新出发好好探索一番。

现在,我们关于电子已经知道得相当多了。我们知道它具有很小的质量;我们知道它和原子之地相连,以及它的自旋和反粒子。还有其他迄今为止我们还没有发现的秘密,藏在电子港附近的内陆吗?我们听到过一些传闻,当地人称这个国度为"轻子岛"。在被问及具体含义的时候，他们说因为质量太轻了，所以电子也被叫作轻子。轻子这个名字来源于希腊文单词"细小的"。那么问题来了——这附近还有其他的轻子吗？

在通畅的高速公路上，我们驾驶着高性能汽车不断加速，通过一次这样的快速短途旅行，我们知道了有别的轻子，还有两种其他的粒子存在于这个岛上。除了质量比电子更大之外，它们和电子在任何方面都完全一样。因为两种粒子都和电子一样携带着电荷，所以它们通过电磁力进行相互作用——使我们可以走地图上的公路到达它们那里。它们同样携带半整数的自旋粒子流，即它们也是费米子。虽然它们和电子非常相似，但是更大的质量是一个不可忽视的不同之处，且给它们带来了深刻的影响。

因为质量大，所以它们能衰变成更轻的粒子。一般来说，粒子在可以衰变时就会自然地衰变。因为质量是能量的一种形式，所以一个大质量粒子实际上是一团非常密集的能量。如果可能，它自然地会衰变为更轻的粒子以分散能量，以一种更平衡的方式分布自身。请想象以下场景：我将一个房间内的一立方厘米空气加热到极高的温度。此时，虽然热能非常集中，但这不会持续很久。热空气将会立刻在整个房间扩散开来。最终，总体温度会小幅上升，而原本的立方体在加热完成之后很快便会消失不见。以一种相似的方式，粒子会进行衰变，扩散能量，并且质量越大，粒子就会有更多的分散能量的方式，因为它们有更多更轻的粒子可供选择。

而电子是没有选择的，它是最轻的带电粒子。因为电荷守恒，且没有更轻的带电粒子能成为继承电荷的衰变产物，所以电子不会衰变。

然而，在轻子岛东边的某处存在着 μ 介子。μ 介子比电子的质量要大 200 多倍。因为 μ 介子集中了极大的能量，所以如果可以，它就会非常迅速地扩散。当然，存在一种更轻的、能继承 μ 介子的电荷的粒子——就是电子。这也是 μ 介子唯一可能的衰变路线（至少，在标准模型里是这样）。μ 介子经过衰变，成为 –1 电子，加上 –1 中微子和 –1 反中微子。中微子和反中微子非常轻且不带电，它们占据了轻子岛上一块与众不同且极其难以到达的区域，所以到目前为止，我们只听闻过它们的存在。因为 μ 介子在衰变之前的平均寿命只有两微秒多一点，所以它在原子之地不是一个重要的角色。虽然它也可能会形成短命的"μ 原子"，其中被束缚于原子核的电子之一会被 μ 介子所替换。在大气层上层，来自太空的高能粒子——宇宙射线——和作为地球保护伞的氧气、氮气等分子产生剧烈撞击。这里是 μ 介子最常见的发源地。

沿路向东的更远处存在着一种名为陶子的轻子。陶子更重，其质量差不多是 μ 介子质量的 17 倍。因此，陶子有更多衰变产物可供选择（但它总是会产生 –1 中微子）。在一个陶子衰变之前，我们能和它共度的平均时间只有 $1/3 \times 10^6$ 微秒。这个时间和我们在粒子对撞机里的高能对撞实验中，用粒子探测器观察到的高速陶子的衰变时间差不多。但是这一点时间远远无法让陶子和其他原子形成化学键，或是任何其他的连接方式。

更加仔细地研究这些新遇见的轻子能够教会我们更多。从量子电动力学中，我们已知移动的电荷会产生磁场。所以，因为电子、μ 介子和陶子都具有自旋和电荷，它们都可以被视作微型的磁铁。就像地球或任何其他的磁铁一样，它们具有两个极——南极和北极。

粒子的磁偶极子强度是一个重要的可测物理量。它取决于自旋、电荷、质量，还有一个根据惯例被称作"g"的常数。而这个常数的大小能告诉我们很多有关该粒子的信息。

一个日常生活中可见的经典粒子的 g 为 –1。请想象一个自转的实心球，球体带电且电荷均等地分布在整个体积内。如果我们采用麦克斯韦方程组来计算由电荷在自转轴附近移动所产生的磁场，我们将会得到 –1。我们永远会算出 –1。

但是，电子和 μ 介子不是经典的日常可见的粒子，它们是量子粒子。且如我们之前所见，它们是狄拉克方程所描述的费米子。狄拉克方程告诉我们电子的自旋为 1/2。与之类似，方程式还预测了常数 g 的值为 –2。

将 –2 与测量得出的 g 相对照，这个预测几乎完全正确。事实上，电子的 g 的准确数值是 –2.00231930436152，不确定性为 0.00000000000054。这个测量结果使得 g 是世界上被测量和计算出的最准确的物理常量之一。

μ 介子的 g 值和电子的非常相近：–2.00233184178，不确定性大约为 0.0000000012。就像你预想的那样，因为 μ 介子比电子要稀少，且衰变速度快，所以它的常数值无法被测量至与电子一样的精确程度。而且，更加有趣的是，μ 介子的常数值的最新测量结果与理论预测值相差了大约 3.4 个方差。这意味着，理论和实验有差不多万分之三的概率都是正确的。这个偏差已经足够大了，所以它激励着科学家们为了更加精确地计算和测量这个值而不断努力。

狄拉克方程对于 μ 介子和电子的这项常数的预测有着微小的差距。这个现象出现的原因和人们想要非常精确地测量这项常数的原因相同：量子修正。

下面这个思考方法我们已经在旅途中碰到过好几次

了：在量子场论的讨论中，所有的可能性都需要被考虑到。因为我们这么分析了，所以我们在粒子穿过裂缝的时候能够预测出正确的干涉图案；因为我们这么分析了，所以我们发现原子周围的电子是被限制在特定的能级中的，且每个能级只能容纳两个电子。现在，对于一个只顾着它自己的、单独的粒子，我们也要贯彻这个分析思路。

请想象，我们在路边停下来，对一个粒子进行观察，例如一个电子或 μ 介子。这个粒子前一刻存在于那里，然后……后一刻仍然存在于那里。最简单的可能发生的情况是，什么都没发生。但是，也存在如下的可能发生的情况：粒子在一瞬间快速地释放出一个光子，这个光子快速地弹开，然后又弹回被粒子吸收，所以在这一刻结束时仿佛什么事情也没有发生。在计算这个粒子像是磁偶极子之类的物理属性时，这个可能性需要被考虑进去。还有的情况甚至比这还要复杂：释放的光子可能会分裂成为一对粒子和反粒子，它们相互湮灭后重新变回一个光子，随后这个光子又弹回原先的粒子被重新吸收，所以最后又一次地，仿佛什么事情也没有发生过。而如果你想要获得一个足够精确的答案，这种可能发生的情况也需要被考虑进去。

虽然听上去可能有些莫名其妙，但是就是这些细微的量子状态下的循环和修正，影响了 g——决定了磁矩的常数——的值，说明了为什么它恰好不是 2 的原因。此外，原粒子的质量也会对 g 产生影响，所以电子和 μ 介子的 g 有细微的大小不同。

掌握这些常数的精确值是很有趣的，因为在微小的转瞬即逝的量子循环中可能包含了在标准模型中不存在的新未知粒子。我们忍不住大胆推测，未知粒子的存在可能就是 μ 介子的实验与理论不相符的原因。有可能某种不存在于标准模型中，且还未被直接观测到的神秘粒子在这些循环反应中出现，然后影响了 g 的大小。如果在使用更加精密的测量手段之后，测量值和标准模型之间的差距仍然越来越大，我们将坚定地立起一块路标，指向地图上的远东地区——那里有情况。总而言之，仔细观察轻子岛的居民可能会产生深远的影响。

中途休息

引力：宇宙间最神秘的力量

　　游乐园里的插曲——自负的力——测地线，回转的直线——远方相撞的黑洞向我们招手——证实了的猜测

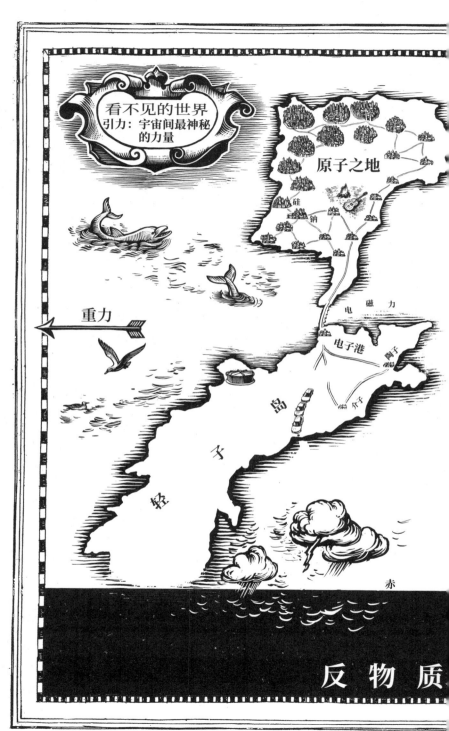

能量最低　能量最高

普朗克常数

光子

披色子国

没有它，
你我将可能坍缩成一坨坨"果冻"

在一路的探索中，我们已经取得了许多进展。从电子港开始，到我们穿越整个原子之地的远行，我们调查了原子内部的构造——发现了原子核，并且理解了束缚于其上的电子的排布方式。我们已经发现了 μ 介子和陶子——两种更重的与电子极其相似的粒子，并且非常细致地探索了轻子岛的西边的尽头。此外，我们还穿越了连接各岛的公路网络，了解了电磁力的运作方法，甚至看见了玻色子国西海岸光子的故乡——虽然我们暂时没有在那儿上岸。

在未来的旅程中我们将会揭露更多奥秘。但是，在此之前，有一项非常重要的物理法则在这一切的背后默默地运转。它在我们的日常生活中随处可见，在我们地图西边的大片地区也至关重要。然而随着我们不断向东边前进，我们无法从此后的旅程中加深对它的理解。

引力是所有物质和能量都会感应到的力，并且是日常生活中最为常见的力。事实上，由于它太常见了，事物受到引力的影响已经成了一个约定俗成的日常现象了。牛顿受到一个掉落的苹果的启发而发现引力这件事，实际上是一个并没有真正发生过的故事。尽管如此，这个故事的存在体现了注意到引力作为一种外力的存在就已经是某种突破性的成果了。人们会觉得看上去逃脱了引力掌控的时刻非常激动人心。之所以"宇航员以自由落体状态在轨道中运行"这件事会给人带来极大的新奇感，是因为我们都是在被乖乖地按在地面的重力井中度过普通的日常生活。

所以，当发现以下这个事实时，我们是有一点惊讶的：在所有的基本力中，引力是和我们所持有的物理世界地图最没有关联的力，并没有什么"引力岛"之类的地方等着我们去探索。所以此刻，我们在轻子岛上的电子港郊区某处的一个小公园内，坐了下来，泡上一杯茶，打算好好思索一下关于引力的事情。

有几个原因造成了引力和我们地图上其他事物的遥远距离。最明显的一个原因是力的强度。我们能够注意到引力的影响，主要是因为我们紧挨着一个非常巨大的物体（地球）生活，而它又围绕着另一个更加巨大的物体（太阳）运行。我们持续地受到组成它们的无数原子的引力总和的影响。但是，对于我们地图的尺寸来说，地球和太阳实在是太大了，它们体内的原子因此也分散在一个极大的空间内。所以地球和太阳存在的地方离原子之地的西岸太远，离我们地图的西边边缘也太远，无法被体现在地图上。

因此，引力是迄今为止对我们产生作用最强的净力。[①] 我们一边给自己倒茶，一边思考着重力产生的影响。我们想到，当我们举起杯子喝茶时，我们的手臂便在反抗整个地球所产生的引力。事实上，无论是站着、呼吸，还是仅仅维持着身体结构避免坍缩成一坨果冻[②]，我们都在克服引力的影响。而能让我们与引力抗衡的力是电磁力，它主宰了我们身体内的一切化学反应和相互作用——化学键使骨骼保持坚硬，能量传送使肌肉收缩和舒张。

和引力永远只会使物体互相吸引不同，电磁力既可以使物体互相吸引，也可以使它们互相排斥；电磁力既有正电荷也有负电荷。因为地球和我们的身体都含有相同数量的正电荷（原子核内）和负电荷（电子），所以一

---

① 净力，指作用于同一物体上的多个力的合，通常为矢量和。

② 在大多数日子，除了周一。

般情况下我们所受到的引力和斥力都相互抵消了。但是，当电荷不平衡发生时，即使是一个非常微小、局部的不平衡，也会产生巨大的影响。一个比较突出的例子是闪电：电荷在大气层中逐渐累积，并在一道猛烈的强光中恢复平衡。

因为电荷的中和现象，所以我们平时不会像感受到引力一样明显地感受到电磁力的存在。而且，在亚原子尺寸下，质子和电子间的电磁力强度大约是引力强度的 10^{43}（1 后面 43 个 0）倍。由于这巨大的不同，粒子物理学家们在运算中可以无视引力。[①]

---

① 然而，令人失望的是，他们在个人生活中也无法无视引力。

变弯的"直线"

　　引力和决定了标准模型的力的另一个不同之处体现在爱因斯坦的广义相对论中。在广义相对论中，引力甚至能否被称作一种力都值得商榷。在此前横跨地图多地的旅途中，我们掌握了狄拉克方程，从中我们获知了狭义相对论的基本原则：我们坚持，物理法则对于所有的"惯性观测者"——运动方向和速度保持不变的观测者——都是成立且一致的。因为物理法则包括了电磁学，所以光速在所有观测者眼中都是一样的。而你一旦认可光速不变，大量奇怪的时空效应——时间如何流逝，空间如何收缩等——便会接踵而至。除此之外，我们还从中得到了著名的将能量和质量画等号的质能方程：$E=mc^2$。人们从极具一般性的基本假设，推导出了包含时空运行规律和质能关系在内的惊人发现，非常了不起。

　　但是其他观测者又如何呢？大多数时候，我们并不是"惯性观测者"。物理法则应该不会因为我们加速或减速就改变吧？我们忍不住想坚持，物理法则应当对于所有的观测者都是成立且一致的，即使观测者是"非惯性的"。仅仅因为我们此前从对于惯性观测者的假设中得到了大量对于物理正确的新认知，我们就值得再做一次相似的假设。总之，直觉告诉我们该假设是正确的，虽然我们不知道具体为什么。

这个"为什么"就是爱因斯坦提出的广义相对论所试图解答的问题。所谓"广义"是因为这个理论适用于所有的观测者，而不仅仅适用于特殊情况下的惯性观测者。后者的理论为狭义相对论，是爱因斯坦在广义相对论之前提出的伟大理论。

加速会产生什么影响？在离我们不远的地方有一个机场，我们不久后要去那里。在一架飞机加速冲向跑道准备起飞时，乘客会被紧紧地抵在座位靠背上，仿佛有一股力一般，所以他们不是惯性观测者。下面请你想象自己坐在乘客的位置上，你放在地上的水瓶会从座位下面往后滚动，仿佛有人在推它一样。在你的参考系中，周遭静止的物体并没有以不变的速度运动；而在一个惯性观测者的参考系中，周遭的物体也应以不变的速度运动。从你的角度来看，物体都向后加速运动了。而从我此时坐在公园的角度来看，你在往前加速运动，将物体都留在了身后。

而以上这些与引力有什么关系呢？请想象现在是夜晚，外面漆黑一片，随着飞机在水平方向的加速，你被一股力按在了座位靠背上。但是你能够分辨出这个情形和另一个情形的不同吗？如果飞机是在以某种角度和不变的速度往上飞呢？

在两种情形下，水瓶（抑或是没被好好安放的笔记本电脑）都会向飞机后方加速运动，直到它撞到其他什么东西，比如机舱的尾部墙壁。爱因斯坦发现，你很难甚至有可能辨别不了一个经受重力（爬升的飞机）的非惯性系和一个加速（水平加速的飞机）的非惯性系之间的不同。这一点非常关键。

相似的，在引力影响下自由落体运动的参考系看上去就像没有引力作用的惯性系一样。事实上，我们唯一熟悉的看起来是惯性系的运动状态就是自由落体。举个很明显的例子：和国际空间站（ISS）一起运动的物体都在沿着围绕地球的轨道持续自由落体。

此时，我们恰巧注意到在公园的另一头有一个儿童游乐场。那么，有一个值得思考的问题：像宇宙空间站一样在地球轨道中运行的物体，与在儿童游乐场内的旋转木马上的某人或某物相比，究竟有什么不同？

在地球上某人的视角中，宇宙空间站正以极快的速度移动。根据动量守恒，它的行进路线会为一条直线。在我们的视线中，游乐场内有孩子正在旋转木马上玩耍，就像孩子那抓住木马扶手的手臂一样，引力将宇宙空间站和地球拴在了一起。孩子紧握的双手对孩子自身施加了一个持续把他们往旋木中心拉去的力，所以孩子能随着木马不停旋转。同理，假如引力突然消失，那么宇宙空间站将会向外太空飞去。是引力使其保持着运行的轨道，提供了指向地球中心的向心力。

但是孩子和宇宙空间站两者之间的情况还是有巨大的不同的，除了明显的宇航服什么的。

旋转木马上的孩子会受到一个离心的"应力"（即惯性力）。因为孩子肯定不处于惯性系中，所以任何他们掉落的物品都会立刻飞出旋木，飞离旋木中央的旋转轴。但是，在宇宙空间站，宇航员们受到的力似乎更少。他们不仅不会受到离心的应力，还似乎失去了重量。

因为在环绕轨道中，重力和离心应力会完全相互抵消，使人处于自由落体状态。宇宙空间站和旋转木马是完全不同的两种体验，主要是因为以下两个原因。

首先，引力作用于你的全身。不仅如此，引力均等且同时作用于所有物体。所以，你不需要先抓住一个把手，然后再让手臂拉住身体的其他部分沿着圆圈运动。你的胳膊、腿等一切身体部分都在受到引力的作用。

第二个原因代表了广义相对论的核心部分：当你在宇宙空间站内时，你实际上正处在一个惯性系中。

质量出现在两个重要的等式中——力为质量乘以加速度[1]，引力和质量成正比。在这两个和质量的关系中，质量是完全一样的——这一点构成了广义相对论的基础。虽然从表面上看并没有什么规定了质量必须是一样的，但这一点在广义相对论中是被默认的真理，而这也是爱因斯坦的另一个伟大见解。

这也意味着，在你位于宇宙空间站的参考系内，离心赝力能被引力抵消。它们之间的抵消不是只有个大概，也不是只适用于特定的质量，而是始终精确地作用于所有的质量，使你得以处在惯性系中。事实上，因为引力抵消了赝力，所以我们可以说广义相对论降低了"重力造成的力"的地位，使其成为了另一种赝力。

定义一个运动系是否为惯性系的动量守恒定律，在广义相对论中仍然适用。我们也仍然根据动量是否守恒来定义惯性系。但是现在，惯性系也包括了在引力作用下自由落体的运动系。而像这样自由落体的物体被称作沿"测地线"运动。测地线是在时间和空间内对于直线——两点之间的最短路线——的重新定义。

---

[1] 牛顿定律，$F=ma$。

变弯的"直线"

在没有引力场的情况下，测地线就是"欧几里得几何学"概念中的直线。欧几里得是定义了几何学规则的第一个人。他的规则——又被称作公理——规定了，两根直线所能相交的最大次数为一次，且平行线永不相交。如果没有引力场，测地线就是直线，并且广义相对论、狭义相对论和牛顿的运动法则都将统一做出描述：自由运动的物体会沿直线进行常速运动。

但是，在质量巨大的物体附近，广义相对论规定，引力会使测地线弯曲成曲线，甚至变成环绕地球运行的宇宙空间站那样闭合的椭圆形。由测地线定义的空间和时间将不再符合欧几里得几何学。"直线"的意义改变了。

或许，最简单的理解方法是想象两个位于赤道上且相距几千米的人，同时沿着互相平行的路线向北出发。虽然他们沿着平行的方向出发，且保持移动方向不变——一路向北，他们最终仍然会在北极相遇。之所以这样，是因为地球的表面为曲面，是一个二维的、非欧几里得的几何空间。

在质量巨大的物体附近，引力使空间在三个维度上弯曲，并且能使"直线"——测地线——变成环绕轨道。这种弯曲就是我们和所有其他质量所受到的引力。所以在某种意义上，引力是一种应力：它是由弯曲的时空所产生的效应。

将引力视作一种"力"的过程，和解释其他标准模型理论中力的形成原因完全不同。如果我们把粒子和各种力当作在空间－时间舞台上表演的演员，引力不是另一名演员，而是某种使其他演员所立足的舞台弯曲的东西。而且，就像我们在之前的探索中所发现的一样，其他的力在量子场论中都有着详细的阐释，唯独引力没有。

诡异的量子世界

引力和其他力之间存在一些共性，其中一个非常重要的共性就是对称性。当我们对某物做出了某些可能会产生改变的动作（例如，旋转一个物体），而且该动作没有产生任何与之前不同的情形（如果我们旋转的物体是球体）时，该物体或我们的动作便存在对称性。量子力学具有对称性：改变所有量子波的相位不会对量子波的任何物理特性产生影响。在广义相对论中，我们可以把一个物体在不同的加速度、移动速度的参考系之间转换，也可以把物体放入或拿出引力场，而这一切举动都不会对该物体的物理特性产生影响。利用广义相对论的对称性，很多理论性研究取得了极有价值的研究结果。但是，至今没有人成功地创立一个像标准模型一样，能在极小尺寸和极高能量情况下适用的完整的量子引力理论。

如果我们从量子世界退回一步，我们会看到，引力和电磁力之间存在一个非常简单的共性。

引力将地球拉向太阳。假如地球和太阳的距离是现有的两倍，它们之间的引力将会变为现有强度的四分之一。假如地球和太阳的距离是现有的三分之一，它们之间的引力将会变为现有强度的九倍。这就是著名的"反平方"定律。将距离乘以2会使得引力减弱至2的平方分之一——即四分之一。将距离缩减至原有的三分之一，则引力会增强至原有的三的平方倍——九倍。

虽然电力和引力背后的理论截然不同，但是电力的表现却是完全一样的，这一点令我十分激动。在一个氢原子中，带负电的电子和带正电的质子之间存在吸引力。将它们之间的距离乘以2会使吸引力减弱至原有的四分之一。和引力一样，电力也遵循反平方定律。

这并不是巧合。请把物体和电荷想作产生力的源点，物理学家时常会借这个设想，用直线来表示它们对周遭空间施加的力。[①] 力线的密度和强度成正比。在离源点越远的地方，相同密度的力就会分布在一个更大的球体表面。如果力线的总数保持不变，那么在任何一点的力都会随着分布面积的增大而减小。球的表面积为 4 乘以 π

---

① 这个创新最早来源于迈克尔·法拉第对于电磁的研究。

乘以球的半径的平方，而且在同一球面的任意点上的力都需要除以该表面积。半径是表面积公式中的最关键变量。因为力需要除以半径的平方，所以我们称该力遵守"反平方定律"。这个定律对任何距离下的引力和电力都适用，无论其背后的理论是量子力学还是扭曲的空间－时间。

我们在穿越整张地图的旅途中，会遇到一些从某种程度上来说，比许多细节更加具有基本性的一般性现象。反平方定律就是这种一般性特征的一个例证。在某些方面，从许多现象中浮现出的定律比某些有内涵的理论更加具有基本性。其他例子包括各种守恒定律以及对称性。就像你不需要完全了解水分子的内在结构就能知道煮开一壶水会发生什么一样，你不需要完全理解量子电动力学或广义相对论就可以断言：反平方定律完美地描述了引力和电力是如何随着距离增加而逐渐减弱的。

引力波之谜

我们继续试图在引力和电磁力中找寻相似之处。我们知道，第一个真正描述了电磁力的理论是包含在麦克斯韦方程组中的。虽然它不是量子理论，但是它以连续的场的形式描述了电磁的相互作用。在广义相对论中，空间－时间也是连续的。借由连续的场，在量子效应没有被考虑在内的情况下，麦克斯韦方程组就预测了电磁波的存在——光、X 射线、微波，整个光谱。那么广义相对论是否也能做出类似的推断？在引力场中也有波吗？

广义相对论表示，答案毫无疑问是肯定的。虽然早期人们有些不确定，但是爱因斯坦以及所有仔细审视了这个问题的人们都同意，引力波是存在的。

在某种意义上，引力波必须存在，因为物体移动会使引力场发生改变——空间－时间的曲率会发生改变，就像我们之前看到的，海豚戏水使海水泛起了波纹。根据相对论的原理，物体对引力场所造成的影响不可能瞬间出现在宇宙的所有地点，而只能以光速向外扩散。也就是说，有一圈涟漪、一道改变空间曲率的波浪，会从移动的物体处向别处扩散。

这道波浪会扭曲空间，使一个方向上的距离变短，并且使与其垂直的另一个方向上的距离变长。就像，如果你用手去捏盛着茶水的塑料杯的圆形杯口，然后松手，杯口会沿着你用力的方向被挤压成椭圆形，然后顺着另一个方向变回原形。

截至 2015 年 9 月，人们一直在期待发现引力波，但却从未成功探测到它。探测引力波需要有比用手去捏塑料茶杯更加猛烈的事件发生。我们需要大规模的天体物理事件——恒星、黑洞相撞或者爆炸。但即使发生了能产生巨大能量的天体物理事件，我们的探测器仍然需要具有常人无法想象的敏感度，因为引力实在是太微弱了。

广义相对论告诉我们，当两个天体环绕对方运行时，在共同引力的影响下，它们会以引力波的形式不断辐射能量。起初，它们损失能量的速率是极慢的。但是，它们的旋转轨道会渐渐地向两者的中心移动，且旋转速率也会越来越快。直到最终，伴随着急促的"嗖"的一声，它们会相撞，然后要么合并成一个天体，要么将彼此都撞成碎片。虽然结局是急促且猛烈的，但是在环绕运动的初期，两个天体的运动状态的改变非常细微。即使这两个天体是巨大的恒星或黑洞，它们产生的引力波都太微弱，无法被探测到。

但是，有证据证明双星系统是存在的。1974年，拉塞尔·赫尔斯和小约瑟夫·泰勒在马萨诸塞大学发表了第一个"脉冲双星"的详细观测数据。脉冲星是一种不断释放规律的电磁辐射脉冲的天体。赫尔斯－泰勒脉冲星的脉冲信号的无线电频率表现出了明显的变化。当信号源向我们的方向移动时，无线电频率会比较高；而当信号源向远离我们的方向移动时，无线电频率会比较低。两个脉冲星都有极高的密度，它们虽然半径差不多，只有10千米，但是质量却和太阳相当。它们沿着轨道相互环绕对方运动，之间的距离为地球至月亮距离的几倍——这在天文学中基本上就是紧挨在一起。绕行轨道一周的时间在八小时之内，即它们的运动速度也是极快的。

即使是脉冲双星这样庞大、高速的宇宙"旋转木马"，也无法产生大到能够被直接观测到的引力波。但是，人们可以观测到双星系统发出的脉冲信号，从规律的信号频率变化可以看出它们的旋转速率在极其缓慢地增加。广义相对论认为能量会以引力波的形式辐射出去，通过这个假设计算出的双星系统的旋转增速和实际速率完全一致。

脉冲双星发出的信号极大地增强了引力波存在的可能性。但这和直接观测到引力波还是不一样的，因为脉冲双星的间接证据无法告知人们关于引力波传播方式的任何信息。

广义相对论优雅、简洁的形式其实存在着一些欺骗性。因为仅仅是解出爱因斯坦列出的方程以获得一个对真实情形的假设，就已经是一项很大的数学挑战了。方程的解会告诉我们应该如何设计实验才能验证关于引力波的假设，而做到这一步就已经是完成了一项杰出的成就。

当引力波通过地球时，它会改变空间距离的长短。引力波会压缩一个方向的距离的长短，但在与其垂直的另一个方向会进行拉伸，就像茶杯的边缘。但是，无论是压缩还是拉伸，其程度都是极其轻微的。对于一段几千米的距离来说，改变的长度仅为一个质子的直径。如此微弱的效应，人们居然一直梦想着成功探测到，这份坚持已然十分惊人。但是，人们已经成功了。

成功的关键又是波，更加准确地说，是波的干涉效应，就如我们之前在海湾中看到的一样。我们能通过某些手段使一道光束分开成为两道光束，在两道光束沿着各自的轨道行进一段距离后再将它们合二为一。如果在分开的过程中，两道光束行进的路线长度相同，或者长度差为该光束波长的整数倍，最后合成一道光束时两道光束仍会处于同相——波峰和波谷会相互对齐。但是如果两道光束分别行进的路线差距为波长的一半，则最后合成时两道光束会因处于异相而相互抵消。即使是微小的波长差距也会对最终观测到的光的强度产生影响。我们称能够进行类似实验的仪器为干涉仪。

当采用的光束为可见光或红外线时，我们能够测量出几百纳米的距离差。虽然几百纳米已经很小了，但是它离能够测出引力波的敏感度还差得很远。尽管如此，如果两道光束途经的距离足够长，并且用镜子来回反射多次以增加行进距离，我们就能增加干涉装置的敏感度。

激光干涉引力波天文台（LIGO）由两个巨大的干涉仪组成。一个位于美国华盛顿州的汉福德，另一个位于路易斯安那州的利文斯顿。每个干涉仪均由两个互相垂直的 4000 米长的臂组成。实验者将一束红外线激光分为两束，分别发射至两个臂上。发送出的光束将经过超过200 次的反射，设计敏感度为质子宽度的万分之一，或10^{-19} 米。虽然 LIGO 所需的科技工艺非常苛刻——反射方向精准、反射率高效的镜子，高强度、高稳定性的激光等，但是它蕴含的原理是非常简单的。

2016 年 2 月，LIGO 宣布他们观测到了引力波，和两个黑洞合并反应所应该产生的引力波相一致。此后又有更多的观测数据被报告出来。

这是广义相对论的一次巨大胜利。所有引力波的观测结果都和理论所预测的一样。引力波为我们提供了一种新的观测天文现象的方式。在此后的几年中，引力波很可能会告诉我们许多我们周围宇宙的信息。

总的来说，我们已经获得了很多关于引力的知识。广义相对论对引力波的存在做出了精准的预测，正确地将行星的运动、苹果的掉落和引力波的存在联系起来。引力波和电磁学中的无线电波有些类似——在量子电动力学出现之前，麦克斯韦方程组就描述了电磁波的存在和具体表现。假如引力也有它自己的量子粒子——引力子，是携带电磁力的光子的亲戚，那么引力波就是引力在低能量的经典物理条件下的存在形式。引力波告诉我们，如果确实存在引力子的量子，那么它是没有质量的。但是，引力波并没有给我们提供一个关于引力的量子理论；我们无法将引力子安置在粒子物理的地图中。而且在我们继续向东旅行之后，我们会看到，引力还有其他令人头疼的问题。

那么，说起旅行，我们在公园里进行野餐也有好一阵子了。船员们急切地想要启程，而且我们在附近的几块大陆上还有事情要做。是时候收拾茶具，结束思索，重新出发了。

第四次探险

了不起的夸克岛之旅

    进入原子核——元素和它们的同位素——大量的强子以及"八重态"的含义——一次重要的跨越边境之旅，到达新的国度——各种各样的"味"——跟随胶子

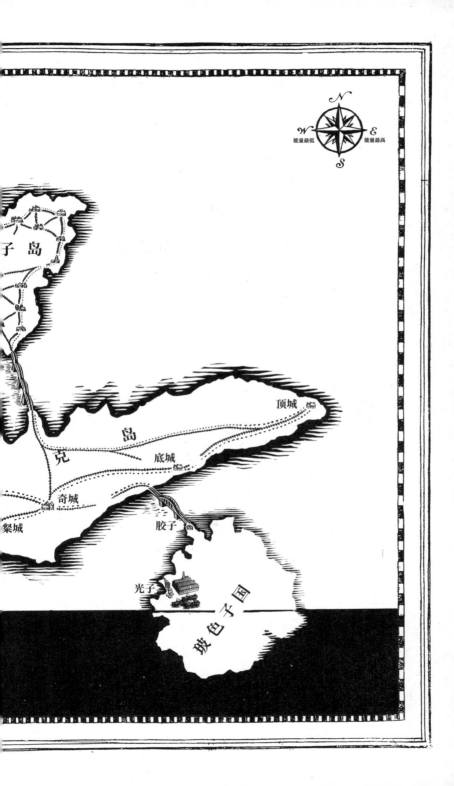

I4

有趣：错误和正确的认知
被互相搅和在一起

我们再一次向东航行。不断增加的经度意味着我们将遇见更高的能量，和体积更小但质量更大的粒子。我们最后遇见的一个粒子是隶属于轻子的陶子——通过横跨整个岛屿的公路网络，在轻子岛的东边得见的。陶子的质量大约为 1.8GeV（18 亿 eV），几乎是氢原子质量的两倍。从陶子的所在地向北边眺望，我们看见一条全新的海岸线在迷雾中若隐若现，这是一块此前未被我们探索过的大陆。同样是这块大陆，之前我们在原子之地的东海岸研究原子核，并且与阿尔法粒子短暂接触的时候，也曾经模糊地瞥见过一两眼。我们回到船上，再一次从电子港出发，但这一次会全力向东航行。下一次的旅程，我们将进入原子核，甚至进入比原子核更深入的区域。

在我们探索原子之地时，一种在放射性元素氡的衰变反应中自然产生的粒子——阿尔法粒子——向我们揭秘了原子内原子核的存在。而要想再深入观测到原子核内部，我们需要在电磁场中加速人工制造的粒子束。从量子场的有关研究中我们知道，当一个粒子含有超高的能量时，与之相对的，就是超短的波长。这样的高能粒子就是我们用来解码原子核内部结构的必备工具。[①]

阿尔法粒子轰击原子的实验证实了阿尔法粒子自身也具有更深层次的内部结构。事实上，它是由两个质子和两个中子组成的。中子和质子紧紧地相互束缚在一起，形成了极其稳定的粒子结构。事实上，所有的原子核都是由一定数量的质子和中子组成的——除了氢。氢作为最轻的元素，它的原子核内只有一个孤单的质子，没有中子。

阿尔法粒子——两个质子和两个中子——也是氦原子的原子核。氦元素非常轻，以至于它可以轻松地从地球的大气层中逃逸至外太空。尽管如此，我们的周围仍然存在大量的氦元素。而导致这个现象的唯一原因，是重元素无时无刻不在通过放射性衰变反应产生氦，例如

---

① 或者，换句话说，这样的高能粒子能帮助我们撞开原子核的内部结构。

卢瑟福和他的团队在实验中使用的氦。宴会上的气球就充满了阿尔法粒子（以及与其绑定的电子）。

不同元素的原子核由它们内部质子的数量加以区分。当我们探索原子之地时，我们在硅元素那里徘徊了一阵子，随后了解了硅原子就是硅元素的最小单位。而所有的原子，都是其对应元素的最小单位。虽然我们能够打碎任意元素的原子成为更小的部分——电子、质子、中子，但那时这更小的部分就无法构成一个元素了。

硅元素的原子核由 14 个质子和一定数量的中子组成。任何含有不同数量的质子的原子核都不是硅元素。13 个质子的是铝，15 个质子的是磷，两者与硅的化学特性相比都非常不同。

我们正在绘制物质基本结构的导览图，这张图的一个重要特点被体现在了人类研究原子核的历史中。如前文所提到的，标准模型和大多数科学知识一样，在某些方面只是"权宜之计"。我们现在认为是物质存在最小形式的基本粒子，可能仅仅是目前我们利用现有工具，能够测量到的最小物质形式。我们无法排除存在更深层次物质形式的可能性。

但这并不代表标准模型是错的，只是它可能不是最终的真理。伟大的德国物理学家、量子力学的先驱之一马克斯·普朗克曾经写过的一段话也印证了这个道理。

在他所著的《现代物理学视野中的宇宙》（1931）[①]中，他曾充满自信地用当时人们所推崇的原子模型解释了铀原子的构造：

> 铀原子含有 238 个质子和 238 个电子，但是只有 92 个电子是绕着原子核旋转的，其他的电子都镶嵌在原子核内……一个元素的化学特性并非取决于它所含质子或电子的总数，而取决于它所含的旋转电子的数量。旋转电子的数量还决定了该元素的原子序数。

在普朗克对原子结构的解释中，错误和正确的认知被互相搅和在一起，十分有趣。因为普朗克不知道中子的存在（在普朗克著作的英译本出版后一年，才由詹姆斯·查德威克发现），所以普朗克对于原子核的描述是有错误的。铀 238 只有 92 个质子，这个数量和 92 个"旋转中"的电子相匹配。但是，铀 238 的原子核中还有 146 个和质子依偎在一起的中子。并且我们知道原子核中，没有以普朗克所说的那种方式存在的电子。此外，我们还知道电子不会像行星围绕太阳那样"旋转"。在早

---

① G. 艾伦－昂温出版有限公司，原德文版 *Das Weltbild der neuen Physik*（1929）的英译本。

期的原子模型中，人们认为电子是像行星一样围绕原子核旋转的，这个模型是由尼尔斯·玻尔所提出的。但如我们在之前的探索中所见，电子本质上是量子，并不是普朗克当时理解的那类经典粒子。尽管如此，关于原子核外部存在 92 个电子这一点，普朗克是完全正确的。他同时也正确地指出，这 92 个电子决定了该元素的化学特性。他的模型具备实用性。如果我们的研究仅限于元素的化学特性，那么他的模型在今天仍然适用。但是，消耗更大能量的实验产生了新的数据。新实验数据将帮助我们探查地图中，比普朗克那时的物理研究所能到达的更为东边的区域。新知识告诉我们，普朗克模型存在错误，需要改进。

普朗克模型的过时再一次提醒我们，当人们获得更新的数据时，标准模型可能也需要改变。举个例子，我们目前很自信地认为电子是一种无限小的物质。这个认知是由我们目前探测电子的科技水平和实验思路所决定的。将来，一个新实验可能会表明，电子并不是一个无限小的点，而是包含了更小的组成部分。那时，我们就需要改变标准模型了。至于我们的地图，任何新知识都将很有可能使地图的右边边界向东延伸，并且揭露新的奇特景观。但我们现在正在探索的大部分区域将仍然保持和原先差不多的模样。

改变一个原子核中质子的数量，就是改变该原子能够吸引电子的数量；既改变了该原子的化学特性，也改变了该原子所属的元素。但是，改变原子核中中子的数量，影响却不大。

硅原子的原子核通常情况下含有 14 个中子，但有时会有 15 个或 16 个中子。这三个版本的硅原子都具有相同的化学特性，它们都是硅。像这样的相同元素的不同版本，被称为"同位素"。"同位素"之间的不同之处，仅仅在于原子核中中子的数量不同。有些元素具有许多同位素，且有些同位素不稳定。这些不稳定的同位素会通过放射反应，衰变成为其他元素。

虽然中子在决定原子的表现特性上没有质子重要，但是它们在形成和维持原子结构上起到了至关重要的作用。质子都带正电荷，因为同极相斥，所以在原子核狭窄的空间内，任意两个质子相遇都必将会受到极大的排斥力。因为这一点，原子核应该很容易散架，或者一开始就无法形成。事实上原子核并不会四分五裂，这是因为有一种强大到压倒电磁排斥的力，使原子核内的粒子们紧紧绑在一起。

那么，这个强大的力是什么？它连通了这块大陆上所有我们还未发现的景观。这次探险的目的地是这个全新的东方海岛。我们在海岸上的质子之港着陆。因为我们有高能粒子束给轮船提供马力，所以我们才能够成功进入东边的海域。在将船停泊在这陌生的港口之后，我们打算寻找深入岛屿内陆的路线，但是，突然从一栋大楼内传来呼啸的汽笛声。我们靠近声源调查情况，然后看见了一阵烟正从大楼的后面飘出来。走向大楼的背面，一连串的铁轨和枕木映入眼帘，通向新大陆的深处。铁轨开始的地方有一个较为气派的入口，上面挂着一块标志，写道："强子岛铁路：质子中心站"。此时，我们已经发现了强相互作用力——探索强子岛的最佳方式。

15

难以拼凑和驾驭的"积木"

质子之港的质子和附近的中子，是我们最先遇到的两个被称作强子的粒子。此时，我们正乘坐火车，在布满了强子的大陆上穿行。质子和中子天生就是最常见的强子。如我们所见，它们组成了所有原子的原子核。所以，它们如此显眼，以至于我们一踏上强子岛就遇见了它们，也就不奇怪了。

复杂的物质结构网络盘踞在这块土地上，铁路线——也就是强相互作用力——将各部分紧密相连。强相互作用力是我们遇见的第二种标准模型理论中的基本力。

强相互作用力包含了许多知识点，但当前我们需要知道的最明显的一点是，强相互作用力会压倒电磁排斥的影响，使原子核保持完整，防止散架。和任何吸引力存在的方式一样，强相互作用力会使质子和中子黏在一起，并且使它们的结合体——比如说，两个质子和两个中子——的能量，比它们单独存在时的总能量要低。

质子和中子的结合，同被原子核束缚的电子的情况类似。电子保持被原子核束缚的状态也是因为这样能使系统能量更低。要想将电子从原子核的束缚中解放出来，我们需要增加系统的能量。质子、中子和原子核、电子，这两种束缚系统的主要区别在于前者的相互束缚力要强大得多，所以牵扯到的能量也高得多。毕竟，我们已经行进到更加东边的地方了。

将原子核聚合在一起的结合能很大，所以我们一般用原子核质量的形式来表示它。因为能量和质量本质上是一样的，所以更低能量的系统的质量也更低。比如，氦原子核的质量就比中子质量的两倍加上质子质量的两倍要小。

系统能量更低意味着质量也更低，任何束缚系统都遵循这个规律。因为电磁结合能的存在，所以一个氦原子的质量比一个氦原子核加上两个电子的质量要小。但是，即使和电子的质量相比，由电磁力引起的质量不同也是非常微小的。而由原子核的结合能引起的质量不同却大得多。因此，核反应所释放的能量，比最剧烈的化学反应所释放的能量都要高得多。

在元素周期表中，平均到每个质子或者中子，不同的元素含有不同大小的结合能。靠近铁（26个质子和大约30个中子）的元素所具有的结合能是最大的。越比铁轻的元素，结合能就越小。随着原子序数的减少，结合能降低得很快。所以，将较轻的元素聚合在一起，能释放出能量。这种反应，举例来说，会发生在恒星和氢弹中。还有，我们希望将来某一天，发电站也会运用到这种反应——假如我们能够成功压缩并保持反应所需的巨大能量和密度。至于比铁重的元素，随着元素质量的不断增加，其结合能也在不断降低，虽然降低速度较为缓慢。这意味着，获取能量的方式不仅限于聚合轻元素使其质量增加至接近铁的质量，还可以通过分裂比铁重的元素，使其质量减少至接近铁的质量。这就是核裂变，已经可以作为地面能源使用。因为无论是聚变还是裂变，物质都在向铁靠拢，所以铁是一个非常常见的元素，它构成了我们地球的内核。

结合能还有另一个重要的作用。单独的中子是不稳定的。游离于原子核之外且没有和任何质子绑定的自由中子，平均在十五分钟后就会衰变。但是，中子一旦被束缚于原子核内，结合能就会保护中子。换句话说，假如原子核可以衰变，它衰变后的分散产物将会比完整的原子核要含有更高的能量。因为衰变过程必须遵循能量守恒，所以原子核的自然衰变不可能发生。

因此，虽然有大量的单独质子游离在宇宙中，但是没有什么单独的游离中子，即使中子和质子都一起大量地存在于原子核内。

所有已知的其他强子，衰变速度甚至比中子还要快得多。它们中的大多数寿命都不足一秒。所以，人们之后才发现了它们。最初，人们是在宇宙高能粒子轰击地球大气层产生的残留物中，发现了它们稍纵即逝的身影。现在，在高能粒子对撞机的碰撞反应中，人们可以大量制造出这些强子。

随着我们乘坐火车穿越强子岛，我们逐渐确信，岛上真的有很多强子。它们有着不同的衰变速率、衰变方式、自旋和质量。最轻的 π 介子大约只有质子质量的六分之一，而最重的强子有质子质量的好几倍。

我们还注意到，强子分为两种类型：重子和介子。前者在大多数情况下比后者要重。[①] 质子和中子都是重子，除这两者之外还有许多其他的重子以及一些介子，它们形成了铁路线上大大小小的车站。假如你期盼发现一组十分简单的物质组成部分的话，强子的多种多样会令你十分头疼。如果所有的强子都是"基本"积木，那这套积木将会非常难以拼凑和驾驭。

---

① 和轻子的名称由来一样，这两个名字分别来自希腊语的 barus（重的）和 meso（中间的）。

但是，随着我们在岛上的不断探索，我们发现强子的排列分布有着明显的规律。和元素周期表中根据元素的反应性排列元素的方式很像，我们根据介子和中子的自旋、电荷还有其他特性能够将它们排列成 8 个或 12 个粒子一组的形式（八重态和十重态）。沿着铁轨不断前行，我们会看到以下这个场景：同一个经度上可能会有许多间距相等的车站，它们互相紧挨着，且之间的不同是系统的、可预测的。例如，我们刚刚经过了三个几乎相同的强子，它们除了相差 1 单位电荷之外完全相同。这三个强子的周围还有五个相似的强子，它们都和周围的邻居相差了 1 单位自旋。在整个强子岛上，遵循这种规律的现象不断重复出现。

元素周期表的规律性为解码原子的内部结构提供了有力的线索。如我们之前所见，原子所含的电子数量和束缚电子的松紧程度决定了该原子的化学特性。相似的，强子岛的八重态和十重态也向我们揭示了强子的内部结构。

16

量子真空中的奇怪现象

提出"夸克"这个概念的美国物理学家默里·盖尔曼的"八重法"，系统地分析了我们刚刚才留意到的强子的存在规律。所有强子都是由夸克组成的——重子由三个夸克组成，介子由一个夸克和一个反夸克组成。[1]

组成强子的夸克，还有夸克们被强相互作用力束缚在一起的方式，一同决定了该强子的特性。当盖尔曼和美籍俄裔物理学家乔治·茨威格首次提出了夸克的概念时，十重态和八重态的规律囊括了所有已知的强子。而

---

[1] 就在最近，人们在岛屿内陆的深处发现了具有新型结构的强子：由两个夸克和两个反夸克组成的四夸克粒子，以及由四个夸克和一个反夸克组成的五夸克粒子。虽然它们的寿命极其短暂，但人们对它们的内部结构正在进行持续不断的探索。

且，在规律列表的空当处，稍后人们也通过实验确实发现了被规律所预言的强子。一个强子处于"八重法"中的位置简单地取决于它包含了何种夸克，以及这些夸克顺着什么方向旋转。很多衰变超快的强子之所以寿命短暂，是因为它们内部的夸克会以不同的更加稳定的组合形式飞散开来。

以上提到的现象概括了证实夸克存在的一部分最有力证据。人们还可以用强子的排列规律来预测一个带有特定电荷数、自旋、质量等的新强子的存在。目前我们已经可以很清楚地看到，强子岛和另一块位于东南方的大陆紧密相连。我们下一个目的地是夸克岛。我们将仍然通过铁路——强相互作用力——直达那里，途中需要经过一座宏伟的铁路桥。

光子来自玻色子国，它作为携带电磁力的媒介穿行于世界各地的交通网络中。类似的，有一个玻色子是携带强相互作用力的媒介。这个玻色子，即运行在铁轨上的火车，叫作胶子——它像胶水一样把强子内的夸克黏在一起，把原子核内的质子和中子捆绑在一起，就是胶子携带的力压倒了质子间的电磁排斥。

强相互作用力中，和电荷类似的概念被称作"色荷"。色荷的英文单词是 color charge，其中 color 采用的是美式拼法，色荷与我们平时见到的颜色没有任何关系，而且它是在美国被命名的。人们之所以取了色荷这个名字，是因为当夸克的三种"颜色"混在一起时，整体会变成无色，就好像当光的三原色混合会得到白光。夸克具有色荷，胶子也具有色荷。与描述电磁力的量子电动力学（QED）形成对比，描述强相互作用力的量子理论被称作量子色动力学（QCD）。我们对于大部分强子的特性，以及夸克和胶子的表现行为的测算，都需要借助 QCD 才能得出。

我们可以使用 QCD 来计算出强相互作用力的重要特征——比如它是如何随着粒子间距离的改变而改变的。我们还可能得出有关强子质量的信息。强子的质量很大程度上取决于夸克和胶子的结合能，以及它们在强子内呼啸着来回运动的速度。

强相互作用力不仅很强，而且还不会随着粒子间距离的增加而减弱。电磁力和引力都会以距离增长的平方倍数降低，即若两个物体被移动至原先相隔距离的两倍远，则引力或电磁力会减弱至原先的四分之一，但强相互作用力却不是这样。

即使你试图拉开两个夸克，它们之间的强相互作用力大小仍然是保持不变的。这意味着，两个夸克之间的空当处，会累积巨大的势能。并且，直到某一刻，累积的势能将大到足以产生一对新的夸克－反夸克，好似凭空诞生。量子真空中含有许多粒子－反粒子的微小循环，它们和我们之前看到的影响了电子磁矩的量子状态下的循环类似。当量子真空中出现一对真实存在的夸克－反夸克时，强相互作用力被拉伸的距离将减短，势能也会降低。因为量子力学并没有禁止以上情况发生，且其结果是释放了累积的压力，所以这些粒子真的会自然地出现。凭空出现粒子可以说是非常奇怪的现象，但这个现象很重要，因为新粒子会依附在原先的夸克上，产生新的强子。换句话说，如果你想分开一对夸克，你要投入很大的能量，但最终这些能量大得能使你制造出更多的夸克。如果你的目标是获得单独的夸克，这个结果会令你十分懊恼。人们进行了许多寻找单独夸克的尝试，但都徒劳无功。

然而，当两个夸克不断靠近时，它们之间力的强度会降低。我们稍后才发现了这一点，在向东横跨强子岛，进入更高能量的区域时——还记得吗？更短的距离意味着更高的能量。原子之地的结合能大约在几千电子伏特。在强子岛的西海岸，原子核的结合能大约是原子之地的几千倍，有几百万 eV。我们穿越各类强子，继续向东前进，走到了大约 2 亿 eV 的区域，这是一个非常重要的能量级别，也是我们将要穿过横跨强子岛和夸克岛桥梁的地方。

当地人称附近的能量规模为"拉姆达 QCD"，一个奇怪的名字。在这附近，粒子的物理表现发生了奇特的变化。在这里的西北一侧，夸克基本是隐形的，因为即使你试图将它们拉开，也会因为奇特的配对表现创造出新粒子，使夸克永远隐匿在强子中。但是在这里的东南方，极高的能量等级使我们能开始直接在强子中清晰地辨认出夸克的身影。我们看见夸克在它们的自然栖息地相对自由地四处运动。因为它们之间的距离非常近，所以强相互作用力比较微小。

随着我们向东前进，周围的能量规模逐渐增强，远远地超过了"拉姆达 QCD"的范围。此时，强相互作用力的强度持续降低，使我们可以开始更加细致地探索夸克岛。

17

上帝很疯狂？
NO！夸克更疯狂

夸克岛是一个奇怪的地方。因为夸克永远无法单独存在，它们无法直接被探测器捕捉到，所以，我们合理地提出了疑问：我们是如何知道夸克真的存在的呢？虽然，我们之前所见的八重法——强子存在的规律性——已经是相当值得信服的证据，但我们仍然需要更直接的证明。在八重法中，那些组成了强子存在规律的单位真的是物理粒子吗？还是说仅仅是便利的数学构造？

随着我们对夸克岛的不断深入，我们了解了两个重要的能够直接证明夸克和胶子存在，并且解释它们表现行为的方法，其中一个方法是在高能粒子撞击实验中制造惊人的强子"射流"——一束运动方向基本相同的喷射出的强子。当相撞的粒子束采用的能量来自"拉姆达QCD"东边的区域时，我们便经常能够得到强子射流。

例如，当足够高能的电子和正电子相撞并湮灭，产生夸克和反夸克时，我们便能看见强子射流的产生。量子色动力学——解释强相互作用力的理论——对强子射流的形成过程阐释如下：湮灭反应中产生的夸克和反夸克将携带最初相撞的电子和正电子的全部动能，迅速相互飞离。因为一开始它们的距离很近，所以它们之间的强相互作用力比较微弱，夸克和反夸克的运动表现和自由粒子差不多。但是，很快它们就会感受到强相互作用力的拉扯。当夸克尝试逃离和自己配对的另一个反夸克时，它们之间的势能会随着相距距离的增加而增加，最终能量累积到一定程度，形成更多的夸克－反夸克。这样的流程能发生好多次，每次都会带走最初的夸克的能量，形成更多新的夸克－反夸克。最后出现在我们视野中的，是两片夸克和反夸克的雾状物或射流。它们分别向相反的方向前进。两道射流的方向也差不多是最初湮灭产生的夸克和反夸克所行进的方向。射流之内，由于行进中的夸克们距离很近，所以它们可以互相捆绑在一起形成强子。最终，我们通常会看到两道强子射流，一道在原先的夸克处，另一道在原先的反夸克处。这些强子雾或射流的方向最终也将分别朝向最初的夸克和反夸克的方向。利用 QCD，我们能够计算出最初的夸克和反夸克的能量和方向，计算结果和测量到的强子射流的结果是一致的，为夸克的存在提供了强有力的直接证据。你看着从眼前飞逝而过的一个个站台，表示很高兴知道夸克是确实存在的。

射流还为胶子的存在提供了证据。有时电子—正电子的碰撞反应会产生三道射流。人们第一次发现这个现象是在德国汉堡的电子同步加速器研究中心（DESY）的佩特拉对撞机中。QCD 预测到了"三射流"现象的存在，并且以胶子的存在对其做出了解释。三射流是这样产生的：当夸克和反夸克刚刚被制造出来的时候（这时它们仍然很像自由粒子），其中之一会辐射出一个高能胶子。和夸克一样，胶子会飞散开，并且最终形成一道强子射流，并且我们能使用 QCD 计算出与实验数据相符的射流属性。这是证明胶子存在的强有力的证据，虽然胶子永远无法单独存在。

证明强子内存在点状夸克——相对于在撞击中产生的夸克——的证据来自在高能状态下用质子散射电子的实验。这种实验最初诞生在加州斯坦福，人们可以朝静止的质子发射一束电子，也可以使电子和一束质子进行对撞，以获得更高的观测分辨率。无论是通过何种方式，这个实验的实际目的都是为了模拟出一架极高分辨率的显微镜的效果，以成功观测到质子内部的结构。然而不幸的是，在这个过程中质子被撞成碎片，巨大的能量和动量从电子转移到了质子。通常，质子和电子通过交换一个光子来转移能量。和以往一样，交换的能量和动量的大小决定了这个光子的波长，即显微镜的分辨率。光子蕴含的能量越高，波长就越短，分辨率也越清晰。

在大大低于关键的"拉姆达QCD"的低能量范围内，我们能在显微镜中看见整个质子。这就是如果我们回到强子岛进行这个实验时会发生的情况。随着能量的增加，光子波长的减少，我们会在显微镜中逐渐看到质子中越来越小的一部分。因此，用电子成功轰击到质子的概率也会迅速降低。

然而，在斯坦福的第一次实验以及此后的重复实验中，人们发现，当转移的能量大大超过"拉姆达QCD"的范围时的某一刻，成功使电子进行散射的概率会停止之前的快速降低。事实上，一旦我们考虑到随着能量增加光子也会持续变小这个情况，成功散射的概率几乎是不变的。而这就是，如果我们现在去夸克岛重复这个实验时会发生的情况。

如果质子内确实存在微小的点状的夸克，我们便能预测到以上散射概率几乎不变的情况。因为夸克已经几乎接近无限小了，所以即使我们再缩短波长，也无法看见组成它们的更小部分。这个情形与卢瑟福和他的阿尔法粒子十分类似，他在西边遥远的原子之地发现了原子核。在能量极高的情况下，电子从质子上成功散射的概率却高得惊人，这和当初震惊了卢瑟福和他的团队的现象，即阿尔法粒子直接被金箔反弹回来，有异曲同工之妙。

从以上这样的实验中，还有从质子所处八重法序列的位置中，我们知道了质子是由两个携带三分之二正电荷的上夸克和一个携带三分之一负电荷的下夸克组成的。如我们所料，三个夸克加起来一共是 1 单位正电荷。但是，质子的内部结构比仅仅是三个夸克排排坐要复杂得多。因为强相互作用力将夸克在很小的空间内束缚在一起，所以夸克们会疯狂地交换胶子。在我们能观测到的最短距离下，质子呈现出十分复杂的形态，它包含了许多夸克和胶子，并且它们还在不停地分裂和辐射。从某个层面来说，质子的稳定性真的令人惊叹。但它确实非常稳定。即使质子真的会衰变，我们也从来没有见过任何一颗衰变的质子，虽然我们使用的探测仪器已经非常灵敏了。

18

复制……永不停歇的复制

虽然同样被铁路线覆盖着，夸克岛却完全没有强子岛那样高的居住密度。和数不清的强子相比，这里只有占据了整块岛屿的六座主要城市，它们是上城和下城，粲城和奇城，顶城和底城。顶夸克最重，位于小岛的最东边。上夸克和下夸克最轻，位于最西边。

夸克的不同种类被称为"味"。[①] 通过对由它们组成的强子，和来自它们衰变的产物的分析和测量，我们知道，下夸克、奇夸克还有底夸克都携带了负三分之一的电荷，其他的夸克则携带正三分之二电荷。给奇夸克取名为"奇"，是因为人们最初发现它时，它是宇宙射线中

---

① 同样的词也被用来描述不同种类的轻子——电子、μ 介子和陶子。

奇怪的新粒子的一部分。[①]粲夸克解决了一些由孤单的奇夸克所造成的问题。顶夸克和底夸克[②]的名字则与上夸克和下夸克对应。

有一件值得注意的事：夸克岛的城市从西到东都有分布。虽然据我们所知，夸克已经是无限小的了，但它们之间的质量还是有很大的差别。

下夸克和上夸克是质子和中子的组成部分，它们组成了所有原子的原子核。它们的质量大约是几百万 eV，只有电子的四倍重。但是，它们自身的质量经常被从强相互作用力的结合能中获得的额外质量所淹没，甚至可以达到几亿 eV。（这是我们无法准确得知夸克裸质量[③]的一个原因。）原则上，这两种夸克和电子能组成宇宙中所有的原子。所以，我们感到很惊讶：自然在更东边的地方，创造出了比它们质量更高的复制体。宇宙中存在三"代"物质——三组有相似规律的粒子。上夸克、下夸克、电子和中微子，仅仅组成了三代粒子中的第一代。

[①] 这个实验也是在曼彻斯特进行的，在 1947 年——根据《曼彻斯特晚报》的一份报告，这是曼城首家咖喱店开业的 10 年后。

[②] "顶"和"底"还有另外的名字——"美"和"真"，但大多数物理学家表示，后者听起来太造作了。

[③] 在提及夸克质量时，需要用到两个词：一个是"净夸克质量"，也就是夸克本身的质量，即裸质量；另一个是"组夸克质量"，也就是净夸克质量加上其周围胶子场的质量。

　　第二代粒子包括了奇夸克和粲夸克，还有 μ 介子和它的中微子。第二代夸克是第一代的质量更高的复制版本，就像 μ 介子是电子的更高质量的复制版本。奇夸克的裸质量大约为五百万 eV，粲夸克的质量要大得多，大约为 13 亿 eV。

　　第三代夸克比第二代还要重。底夸克的质量有 42 亿 eV。而顶夸克的质量更是夸张到 1720 亿 eV，也是所有标准模型基本粒子中最重的。因为质量巨大，所以顶夸克衰变的速度非常快，以至于它永远没有足够长的寿命被束缚在强子内。

　　我们无法解释，为什么夸克们的质量分布如此奇怪？上夸克、下夸克和奇夸克质量比较相近，粲夸克和底夸克虽然不同代，在质量上也没有差得太远，但是顶夸克却在东边很远的地方。虽然顶夸克真的是个重达质子质量 200 倍的庞然大物，但它仍然和质子不一样，是个基本粒子，一个理应无限小的点状粒子。①

　　我们不禁想，三代中的"3"这个特殊的数字，可能是由一个处于标准模型之上，更广泛、更正确的理论决定的。支持我们这么想的事实，还有三代粒子刚好打破

_____

① 这个奇怪的质量分级制度很可能是指向比标准模型更先进的理论的重大线索之一。而且如我们所料，顶夸克在许多推测性的新理论中都扮演了相当特殊的角色。

了现有理论中物质和反物质的对称性——我们地图上的南北半球。

　　乘坐火车游览夸克岛是一次短暂且相当奢侈的旅程。因为胶子携带色荷，所以这里甚至有一座通往玻色子国的铁路桥，而玻色子国是我们必须去探索的地方。玻色子国还有一个很大的机场，我们之前时常在头顶上看到的飞机就来自那里。玻色子国的机场为我们提供了一个诱人的交通方式，乘坐飞机能快速使我们前往地图上的几乎任何地方。这是一个我们应当把握的机会。

第五次探险

俯瞰"宇宙"

成双成对的粒子和飞行常客——机场的位置很重要——和宇宙中的外星人对话、镜中的物理和"南方"的意义

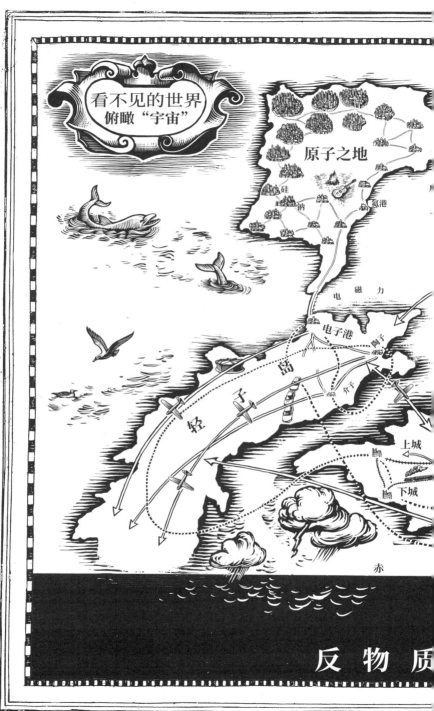

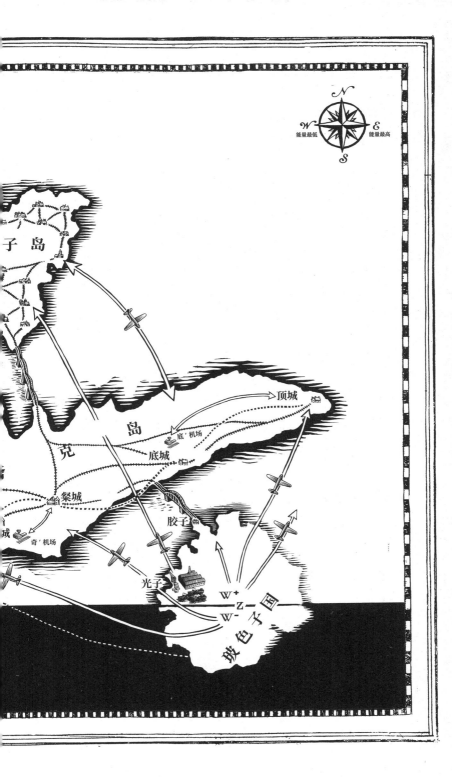

19

物理可以如此性感：
出双入对的"粒子恋人"

标准模型理论包含了三种基本力——我们一直试图探索的横跨大陆的三种交通方式。迄今为止，我们已经利用了其中的两种。电磁力是我们的公路网络，它连接了所有带电荷的粒子。强相互作用力是密布强子岛和夸克岛的铁路系统，而我们刚刚才遇到的航空线，是弱相互作用力，它的中央枢纽位于玻色子国。

弱相互作用力在日常生活中起到的作用非常不明显。我们很容易就能看到电磁力产生的效应，因为我们看见万物都是通过光子——携带电磁力的玻色子。至于强相互作用力，虽然它的效应也不是非常明显，但因为它在保持原子核的完整性中起到了至关重要的作用，所以我们也能很清楚地领会它的重要性。

要指出弱相互作用力的重要性却有点难。它的作用距离非常短，甚至比质子的半径还要短，所以大部分物质都无法感受到它的影响。因此我们需要去比之前的旅程更东边的地方：航线中枢几乎在地图的边界。尽管如此，弱相互作用力也是标准模型中关键的一部分。假如没有弱相互作用力，夸克将不能改变它的味。这意味着，中子将无法转变成质子。这也意味着，太阳将无法发光，因为太阳光依赖四个质子形成氦原子的聚变反应，其中，两个质子会变成中子。所以，虽然影响很弱，但是弱相互作用力也是组成我们世界的一个至关重要的部分。

弱相互作用力不会像"公路"或"铁路"那样把任何粒子绑在一起。弱相互作用力的领地没有像原子之地或强子之地那样的地区。作为横跨整张地图的飞行网络，它造成的联系虽然轻微，却无处不在。任何一个飞机能够降落的地方都能感受到弱相互作用力。负责运作航线即携带弱相互作用力的玻色子，是 W 和 Z 玻色子。W 玻色子带有电荷，电荷可以为正（W+）也可以为负（W–）。Z 玻色子不带电荷。W 和 Z 玻色子像胶子（携带色荷），但是不像光子（电中性），它们确实携带着弱相互作用力专属的电荷——"弱荷"。

地图上的每一座城镇——每一个基本粒子——都有机场。所有粒子都会受到弱相互作用力的影响。但是有些粒子会比其他粒子受到影响的频率更高。而且更具体地说，某几对粒子之间的航线尤其忙碌。这也是把弱相互作用力和电磁力还有强相互作用力区分开的几个明显的特征之一。

电磁力——量子电动力学——告诉我们，电子（或任意携带电荷的粒子）是如何释放出光子的。弱相互作用力告诉我们，电子（或任意携带弱荷的电子）是如何释放出 Z 或 W 粒子的。这种相似性告诉我们，释放 Z 粒子和释放光子的情形是差不多的。但是，当电子释放 W 粒子时，情况会有些不同，因为 W 粒子带有 1 单位电荷。所以，当电子释放 W 粒子时，它会失去电荷，变成中微子。电子港和中微子之间甚至有空中专线，电子和中微子组成了一对受弱相互作用力影响互相转换的"成对物"。相似的，μ 介子能释放出一个 W 粒子，变成 μ 介子中微子；陶子也能通过释放一个 W 玻色子变成陶子中微子。电荷是守恒的——在以上两种情况中，轻子的负电荷都被 W 粒子带走了，而且处于一片相对难以通过的轻子岛的山区的中微子，是电中性的。

从空中俯瞰夸克岛，我们能发现一样的规律。通过释放出一个带负电荷的 W 粒子，下夸克可以变成上夸克，因为上夸克和下夸克是成对的粒子。通过同样的方式，奇夸克可以变成粲夸克，底夸克可以变成顶夸克。

　　成对粒子互相转换是弱相互作用力独有的特征，并且非常重要。假如这个现象不存在，大爆炸时制造出来的所有顶夸克仍然会和我们在一起。我们将无法消耗掉它们。[①] 弱相互作用力还导致了单独存在的中子会在几分钟后衰变——这个转换背后的过程包含了通过释放一个 W 粒子将一个底夸克转变为一个顶夸克。W 粒子会衰变成为一个电子和一个反电子中微子。

————————

① 除非，直到顶夸克遇见反顶夸克，然后湮灭。

20

送盒巧克力给外星人，他们能吃吗？

———————

中子通过"β衰变"转化为质子。人们是从β衰变中获得了有关弱相互作用力最令人惊讶的信息。

弱相互作用力作用于所有的夸克和轻子，但同时，在某种意义上，弱相互作用力又只作用于它们的一半。换句话说，轻子和夸克岛上的每座城市都有机场，但只有一半的居民会乘坐飞机。或许是因为它们害怕，担心气候的改变，又或许是因为机场的安检过于严格。无论是什么原因，这个现象都使人十分摸不着头脑。要想理解它背后的含义，我们首先需要理解一个名为"手征性"的概念。

具有手征性的物体和它的镜像是不同的物体。手征性有时也被称为"对掌性"。一些分子具有手征性，分为右手版本和左手版本。很多生物分子都具有手征性。例如，DNA 具有手征性，它的双螺旋的扭曲是朝向一个特定方向的。糖分子也具有手征性。通常来说，生物体只会采用两种可能手征性的其中一种。

布满我们的地图的粒子们，也具有手征性。并且，只有其中一种手征性会使粒子感应到弱相互作用力。

带自旋的粒子可以分为两类，根据自旋方向和粒子正在行进的方向是相同还是相反。这个属性被称作"螺旋性[①]"。对于自旋为 ½ 单位的量子粒子——比如标准模型中的夸克和轻子——来说，它的螺旋性只有正或反两种可能性。如果你想象一个直面而来的粒子，你可以把它的两种螺旋性看作是在沿顺时针或逆时针旋转，就像 DNA 双螺旋的扭转方向一样。对于没有质量的粒子来说，这两种螺旋性定义了粒子可能拥有的两种手征性。

这就有点奇怪了，粒子具有两种手征性，这一点并不非常惊人。因为我们知道，大多数粒子含有自旋，所以它们旋转的具体情况会决定手征性。但令人惊讶的是，携带弱相互作用力的 W 和 Z 玻色子只能"看见"手征性中的一种。只有当无质量粒子的自旋方向和其运动方向相反时，它才会受到弱力的影响；而当它的自旋方向和运动方向相同时，从弱力的角度来看它便是隐形的。相

---

① 和"螺旋"一词来源于相同的词根。穿越空间前行的粒子会产生一个小的螺旋，就像旋转前行的弓箭顶端。

反的情况适用于反粒子：当自旋方向和运动方向相同时，反粒子会感受到弱力；而当自旋方向和运动方向相反时，它感受不到弱力。

人们推测，自然界中的动植物只制造并利用某些分子的一种手征性，纯粹是因为随机概率——它们的某个共同祖先碰巧就是只制造并利用一种手征性的分子，当这个祖先的后代存活下来时，它最初对于分子手征性的选择在之后也一直被"锁定"了。但是，为什么连基本粒子都有如此强的偏见，使弱力只作用于手征性中的一种？对于这个问题，人们完全没有头绪，用标准模型的理论无法解释。

弱力对特定手征性的偏爱，无论是什么原因，都产生了极其深远的影响。

在确认了弱力的这个特性之前，物理学家曾将宇宙设想为完全镜面对称的。或者，换句话说，我们以前认为物理中的基本力是不分左右的；但是，弱力会区分左右。假如你想象你可以通过镜面反射，改变一个带自旋的无质量粒子的形态——这个操作被称作宇称反演，你便可以通过改变这个粒子的手征性，来打开或者关闭弱力对它的影响。这个操作能够完全改变该粒子的能量，或任意其他在附近的粒子的能量，使平衡性被完全打破。宇称反演意味着"左"和"右"不再是随手贴的标签——它们之间的不同具有深层次的物理含义。

理解宇称性的一个很好的方法是，想象我们在和一个位于遥远行星上的不同文明进行远程交流。当然，这个过程会存在许多挑战，但是让我们假设，最终我们建立起了基本的通用词汇库，并且能够以基本的流利度进行交谈。我们发现，这个文明也是碳基生命体。当然，他们并不称碳为碳，但我们都知道原子是什么，知道碳原子是一个原子核内含有六个质子和六个中子，并且束缚了六个电子的原子。[①] 所以，当我们想要给他们寄一盒友谊巧克力时，我们担心，他们的身体所利用的糖分子可能和我们的具有相反的手征性。如果是这样的话，他们将无法消化我们寄过去的巧克力。从外交层面上说，这可能会很尴尬。那么，我们怎样才能提前知道对方能否消化我们的巧克力呢？

我们确实可以直接问他们，但是我们需要对究竟什么是左边或右边，什么是顺时针或逆时针达成共识。图片是不管用的，因为我们无法保证解码后的图片仍然保持正确的手征性。牵扯到电磁力的手段，也无法给我们提供任何物理参考，因为电磁力对待左和右是完全一样的。强相互作用也是如此。弱相互作用提供了唯一的可

---

① 无论如何，即使他们采用不同的词汇描述粒子，他们的物理学地图应该和我们的一样。

以辨别左右的方法。[①] 所以，最后我们可能会用千辛万苦建立起来的公共语言艰难地交流，关于进行原子宇称性实验的步骤。

1957 年，吴健雄和她的团队在哥伦比亚大学通过实验证明了弱力确实打破了宇称对称。在这个影响深远的实验中，他们将进行 β 衰变——弱相互作用主导了这个反应——的原子核放入磁场中，使原子核的自旋方向与磁场的方向一致。镜面反射不会影响磁场——电磁力遵守宇称守恒，但是会改变自旋的方向。

我们观测到，β 衰变产生的电子大多数都被释放在和原子核自旋相反的方向。所以，电子的方向也指向了磁场的相反方向。这个现象意味着我们能和外星友人就什么是顺时针或逆时针达成一致了。"逆时针"对应着当我们沿着磁场方向去看电子时的电子自旋方向，然后，顺时针自然便是相反的方向。借此，左和右也能被准确地定义了，我们就能计算出究竟对方能不能消化我们给的巧克力。

弱相互作用改变了我们对物理的理解。它用空中的航线将我们地图上所有的城市，甚至是几乎无法到达的中微子，都连接了起来。但是，在城市中，并不是所有

[①] 可能除此之外，你还可以说："看见那边那个长得很搞笑的星系了吗，它在我们的左边。"

的居民都会使用机场。所有的右手粒子都无法起飞。而且，虽然弱力在日常生活中没什么存在感，但它的影响范围却是惊人地广泛，并且在形成如今宇宙的过程中起到了重要的作用。弱力使太阳能够发光发热，还使较重的粒子衰变成为常见粒子。关于弱力的其他独特特质，我们将在飞机上参照地图进行进一步的研究。

21

"设计者"的大智慧
——宇宙中的小概率错位

通过分析布满轻子和夸克岛的弱力航线，我们发现受到弱力影响的粒子会成对地出现，也被称为成对物。每种轻子和一种中微子为一对，如上夸克和下夸克是一对，粲夸克和奇夸克也是一对，还有顶夸克和底夸克，等等。W玻色子在成对物之间起到了直接的连接作用，使顶夸克衰变成底夸克，还通过将下夸克转变为上夸克使中子产生衰变，成为质子。以上的一切，到目前为止都充满规律性，但随着我们逐渐成为有经验的旅行常客，我们开始注意到弱力产生的其他微妙的效应。

顶夸克会衰变成为底夸克，因为两者互为成对物。但是，底夸克还会衰变成为更轻的夸克，即使底夸克和更轻的夸克并非互相成对。所有较重的夸克和轻子都能衰变成为更轻的并非其成对物的粒子。宇宙中的稳定物质由上夸克和下夸克组成，它们存在于每个原子核和电子中。因为，如我们之前所见，当条件允许时，较重粒子会衰变为较轻粒子，所以大部分物质的组成部分只有上夸克和下夸克。这里的"条件允许"是一个关键。到底是什么铺就了通往西边的路，使较重粒子进行衰变？这次又是弱力，不过，它是以一种相当微妙的方式完成的。

　　随着我们不断探索轻子和夸克的周边区域，我们发现，乘坐弱力航空公司的航班降落的机场并非都恰好在城市中。但这也没有什么不寻常的：奇夸克附近的机场离奇城本身，只有相当短的一段路程，并且大多数出行的粒子都会走这条路。但是，它们也有可能直接从机场飞去下夸克，甚至是底夸克那里。这些粒子乘客可能会在中转上多费些时间，而且大部分乘客是不会这么飞的——它们在到达奇城机场后会直接进入奇城。但是有些粒子有可能选择不进城，然后从奇城机场转机飞到下城或者底城。

　　从地图上看，我们有两种划分轻子和夸克岛主要区域的方法。在居民的视角中，城市是最重要的。夸克岛的城市有上城和下城，粲城和奇城，顶城和底城。这些夸克每个都具有确定的质量，顶夸克是最重的，而上夸克和下夸克是最轻的。

但是，以飞行员的视角来看，或在携带弱力的 W 玻色子的视角中，机场的位置是更重要的；以机场所在的位置来定义区域，也是更明智的。对于下城、奇城和底城来说，它们的机场和城市其实并非完全在一起。虽然它们的机场和城市也是靠近的，但是如上所述，你可以在飞到下城周围的机场后，再直接飞到奇城或者底城。为了表明这些机场确实靠近城市，我们将机场取名为下'机场、奇'机场和底'机场。实际上，空中航线连接的是各个机场，而不是下城、奇城和底城这些城市本身。

要想理解为什么宇宙中的稳定物质只包含上、下夸克，区分城市和机场是很关键的一点。而要想理解机场选址背后的物理意义，我们需要再回顾一下量子态这个概念。量子态是携带了一个粒子或一组粒子的所有信息的物理量。但是，关于如何从量子态中提取信息，我们可能会有好几种不同的方式，并且采取不同方式获得的信息可能是矛盾的，甚至对于该量子态描述的究竟是何种粒子都无法达成一致。从整张地图来看，从城市或者从机场的视角去划分这座岛的结果是一样的：最终仍然能够覆盖整座岛屿。标准模型对于夸克就是这么处理的。如果你已知一种量子态，它描述了一些夸克，你可以这么分析：这个量子态含有特定数量的下夸克、一点奇夸克和一点点底夸克。这个分析之所以说得通，也是因为这些夸克都具有不同的质量；还有，它们在强子中就是这样出现的。但是，从弱力（和往常一样独特）的角度来看，这些夸克不是以上文中的多重形态出现的。弱力对于量子态的分裂是不同的，它会将夸克变成一组不同的"初级"粒子——W玻色子衰变时产生的不同位的。我们称这些夸克为下′夸克[①]、奇′夸克和底′夸克。它们不具备确定的质量，但它们确实是从弱力角度能够"看见"的粒子。弱力为什么会这么奇怪，我们并不知道。（就像我们也不知道为什么弱力只能感应左手粒子。）但是，事实就是如此。而且，因为有着重要的影响，弱力的这个奇怪之处其实是一件好事。

奇′夸克几乎和奇夸克完全一样，除了含有混合了下夸克和底夸克的一小部分之外。这就好像，我们在奇城中随机选一些居民，然后问它们住在哪里。它们会说：我住在奇城。但是，当我们接着问它们是在哪座机场降落后来到这里的时候，它们中的大部分会说：我降落于附近的奇′机场。这就十分合理了。但是，它们中

---

① 原文为 d′（dowm-primde）。

有一些会说：我降落于底′机场；还有一些会说：我降落于下′机场。相似的，如果我们等一架坐满乘客的飞机降落在奇′机场之后，对上面的乘客进行问卷调查：请问你们要去哪座城市？它们中的大多数会回答奇城，但是有一些会说底城，还有一些会说下城。当一粒横跨空间运动的夸克组成强子时，它会选择一个特定的质量；这个质量就是这粒夸克所属的城市。但是，衰变的W玻色子不仅会产生奇夸克——还会产生仅仅是降落在机场的奇′夸克。而且，奇′夸克有很小的概率成为下夸克，或底夸克——换言之，有些降落在奇′机场的人实际上居住在上城或底城。我们在地图上观察到的现象指向了这样一个事实：即使我们降落在奇′机场，我们可能（偶尔但不是经常）也会直接前往下城或底城，而不是奇城。

这些小概率的降落错位非常关键，因为就是它们允许了弱力在各代粒子之间流转。也是这些小概率事件，使第二代和第三代的较重粒子可以最终（或者有时相当快地）衰变成为最轻的第一代粒子。弱力就是这样，连通了一条从顶城、底城、粲城、奇城，直到上城和下城的西行之路。这也是为什么我们没有一个由粲夸克和奇夸克组成原子核的宇宙存在的原因。

22

世界的一半是物质，而另一半
是反物质？

在我们的地图上，北半球是物质，南半球是反物质。我们目前的旅行几乎只围绕着北半球，但是，南半球看上去应该和北方非常相似，假如两者不是一模一样的话。或者，我们其实一直是在南半球，而不是北半球？我们真的能区分南北半球？南北的不同有什么重要意义吗？还是说，这只是一个惯例？现在我们可以飞行，从10,000米的高空俯瞰一下南北半球的景色。

在某种程度上，通常而言南北半球完全没有区别。根据标准模型，电子和质子之间的电磁力，和它们的反粒子——正电子和反质子——之间的电磁力，是一模一样的。所以，假如我们能（在湮灭于一片闪耀的光子之前短暂地）注意到，世界的一半是物质，而另一半是反物质。此时，如果在一个瞬间所有的物质都被替换为反物质，或者反过来，所有反物质都变成物质，我们能够感受到这个转变的发生吗？通过对电磁力、强力以及引力的测量，我们都无法得知这个转变究竟有没有发生——至少，以人类现有的知识来说。

这个难题和我们之前遇到的宇称的情况类似。还有，在试图向我们的外星人朋友解释什么是左、什么是右时，我们也遇到了相似的困难。同理，我们也无法轻易弄清楚它们是由物质还是反物质组成的。在我们设立外交使团之前，这个问题非常重要，必须解决。因为物质和反物质会湮灭，如果我们搞错了，任何外交访问都会造成大灾难。

将所有的粒子替换为它的反粒子（或反之）的操作被称作电荷共轭变换。在我们之前所见的弱力中，就违反了类似的对称性。因为弱力只影响左手粒子和右手反粒子，所以弱力违反了宇称性的左右对称性。这也意味着，弱力同时打破了电荷共轭对称。因为如果我们将左手电子进行电荷共轭变换，我们将会得到左手反电子。前者会感应到弱力，但后者不会。就我们的地图而言，在南半球，害怕飞行的是和北半球不同的另一半居民。

尽管如此，如果同时对物质进行共轭变换和镜面反射，我们可能会获得负负得正的效果。左手电子（能感应弱力）通过电荷共轭变换，会变成左手正电子（不能感应弱力），但是接下来通过镜面反射，它又会变成右手正电子（又能感应弱力了）。

此时，我们回想起之前在讨论宇称性时，试图和远方的外星友人交流关于左右定义的事情，然后发现了一个问题：如果他们不是由物质，而是由反物质组成的，我们将会得到关于左右的错误答案。我们参考吴健雄的实验所思索出的精巧的小把戏是不会奏效的，因为如果外星人都是由反物质组成的，他们的磁场将会指向和我们相反的方向，所以两种不同的物质形式都会使我们得到相同的答案。如果他们是由物质组成，他们和我们对于左右手的定义是相同的；或者他们由反物质组成，则和我们对于左右手的定义是相反的。仅仅采用吴健雄的实验，我们是无法将这两种情形区分开来的。

此时，弱力再一次为我们打破了这个僵局。还有一种测量方法可以使我们确定，和外星人的会面是否安全。弱力十分精妙地违反了电荷共轭和宇称性两者的对称性，其打破对称的方式和三代物质的存在紧密相关。同时，弱力之所以连接的是带撇的地标（机场），而不是质量较大的夸克本身（城市），也与其打破对称性有关。

我们必须量化机场和城市——带撇和不带撇的夸

克——之间的关系。为了达到这个目标，我们可以采用一个矩阵。矩阵就是一组排列好的数字。这个矩阵将告诉我们，有多少下夸克、奇夸克和底夸克分别混进了下′态、奇′态和底′态。换句话说，这个矩阵也将准确地告诉我们，当一名乘客降落于下′机场时，它将前往下城、奇城或底城的概率分别是多少——每一种可能性在矩阵中都有一个对应的数字概率。

这个混合了各种夸克的矩阵向我们透露出，粒子违反电荷共轭和宇称性的组合对称性的可能性。这就是我们能够和外星友人进行交流，并且就什么是物质、什么是反物质以及什么是左和右达成一致的必需信息。可能出现的情况如下。

这个矩阵可能会包含一项数值，这项数值影响了各类夸克量子态的相位。请回想一下我们对于旅程的早期准备，波的相位只是它在振动的过程中所处的一个阶段，是费曼所说的旋转中小箭头一瞬间的位置。单独一道波的相位是无法被直接测量的，但是相位差可以。这就是为什么弱力对电荷共轭和宇称性的组合对称性的违反是一种非常微妙的效应。

既然这个矩阵能混合不同味的夸克，并且当它们一起被束缚在强子中时也适用，这个矩阵可能也允许粒子和反粒子之间产生混合。

举个例子，有一种名为"中性 K 介子"的强子（在我们穿越强子岛时，从我们身边呼啸而过的众多强子之一）是由一个下夸克和一个反奇夸克组成的。因为下夸克含有负三分之一单位的电荷，反奇夸克含有正三分之一单位的电荷，所以该强子的总电荷为零。至于它的反粒子，虽然也是总电荷为零，但却是由一个反下夸克和一个奇夸克组成的。通过 W 玻色子的交换，参考混合矩阵中的数值，中性 K 介子能够转变成它的反粒子，然后再转变回来。随着它穿越空间行进，K 介子就这么"静悄悄地"在粒子和反粒子之间摇摆。

至此，虽然你可能会觉得 K 介子也太奇怪了，但它在粒子和反粒子之间的转换并没有破坏组合对称性。

事实上，K 介子在粒子和反粒子之间的转变可以通过两种可能的方式——两种不同的交换 W 玻色子的方式。所以我们在物理研究中得到的转变方式，是这两种方法的总和。然后，矩阵中决定相位的那项，会对这两种方式产生不同的影响。两种不同的方式之间存在相位差，并且具体相差多少可以通过探测 K 介子衰变过程中产生的粒子被精确地测量出来。人们已经这样测量过了，并且发现，当强子从粒子变为反粒子时，和它从反粒子变为粒子时，两种情况下的相位差是不同的。

此刻，我们就需要引入对组合对称性的违反了。不仅标准模型说它是可能发生的，它也确实是会发生的。对称性的违反，是一个虽然很小但是非常重要的效应。

虽然我们将花费一番口舌才能对外星人解释清楚：他们需要什么特殊种类的强子，如何制造出它们以及测量它们的哪些特性。但是，最终我们还是能解释清楚的。只有那时，我们才能真正确定我们的外星友人究竟是由物质还是由反物质组成的。只有那时，我们才能和他们统一对左边和右边的定义。

通过足够仔细地观察往返于夸克岛的航空线，我们发现自然并没有遵守以下的对称性：物质和反物质之间，左和右之间，或者两者的组合。在我们的地图上，南北半球之间的物理属性确实存在着不同之处。

这个不同有几点奇怪的地方。首先，只有弱力违反这些对称性。为什么呢？因为一旦你已经确立，物理现象可以基于左右而存在不同，那么强相互作用力也可以很简单地展现出不同，但它却没有。一旦你知道，有一种自然力违反了对称性，那么强力对于对称性的维持和遵守就成了一个谜。这个现象可能是一种对于"在我们地图的远东地区究竟发生着什么情况"的提示。

其次，只有当三代或更多代的物质存在时，矩阵中的组合对称性才会被打破。只有两代的话是不够的。所以，自然似乎有着刚好能区分左右、物质和反物质的最少代的物质。那些额外的夸克和轻子，或许真的有它们存在的原因！但是，在标准模型中，这仅仅是一个巧合。或许这又是一条线索，它再一次指向了存在于远东地区的另一个更完善的理论？在那里，此时令人费解的一切都会变得明显且必要起来？

　　最终，显而易见，我们周围的宇宙所含的物质和反物质也并不是对称的。就像在真实的粒子物理星球上，南半球和北半球是不同的。在我们的宇宙中，物质比反物质要多很多。但是在标准模型中，违反对称性只是一个相当微小的效应。没有人知道如何建立起一套解释当今宇宙中出现如此大的不平衡现象的理论。这可能再次给我们提供了一个线索，让我们去了解东方那些狂野而奇妙的事物。

第六次探险

危险的中微子地带

探索崎岖地带，短暂却艰辛——一家廉价航空公司——更多的混合现象——什么时候一个粒子既是粒子也是反粒子

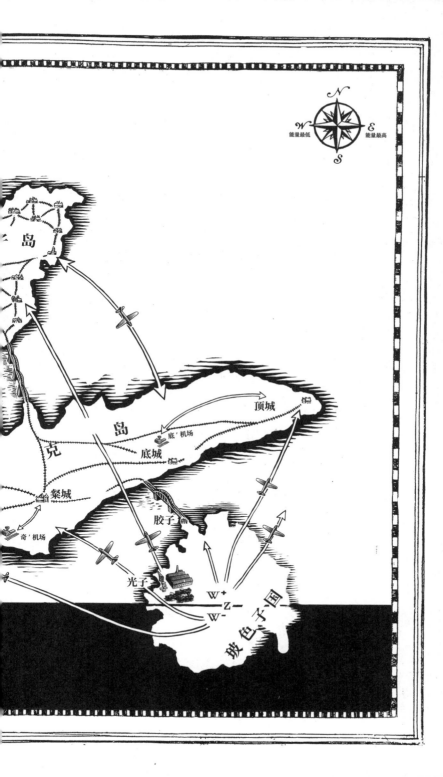

23

让人不安的现实：
它们明明存在，你却无法触碰

　　轻子岛上的电子港是我们旅行的第一站，随后我们发现并造访了位于同一座岛上的两种重要轻子——μ介子和陶子。因为这些粒子都带有电荷，所以我们通过电磁力形成的海路和陆路就能轻松地到达它们的所在地。但是，在发现了这些粒子的机场和弱力后，我们有好几次都听到了有关中微子所在地的传言。因为我们曾经在机场的离港告示栏中，看见目的地为电子中微子、μ介子中微子和陶子中微子的航班，并且也看见有乘客随这些航班中起飞或降落，所以想必这些中微子的所在地是存在的。但是，目前我们仍对这些神秘的目的地几乎一无所知。那里不通公路或者铁路——电磁力和强力无法到达那里，虽然我们能够借助弱力乘坐飞机到达那里，但至今我们也仅仅是从它的高空飞过。虽然，俯瞰的风景足够让我们认可它们是粒子地图中很重要的一部分，并且它们在 β 衰变以及使太阳发光的反应中扮演了重要的角色，但是除此之外，我们就几乎什么都不知道了。所以，尽管中微子所在的地方地势险峻、交通不便，现在也是时候去造访一下了。

1930 年，奥地利^① 理论物理学家沃尔夫冈·泡利^② 最先提出中微子可能存在的假说。他曾经相当羞愧地说了一句有名的话："我做了一件糟糕的事情：我假设了一个无法被探测到的粒子的存在。"

他这么说的原因和 β 衰变有关。如我们之前所见，在 β 衰变中，衰变的原子核会释放出一个电子。我们可以探测到这些电子，并且测量它们的能量。物理的基本法则之一是能量和动量的守恒性。衰变前的总能量和总动量和衰变后的总量相同。借此，我们可以做出一些预测。

假设原子核在衰变之前处于静止状态，总动量为零。所以在衰变之后，总动量也必须为零，因为总动量是守恒的。这意味着，如果衰变产生的电子往某一个方向运

---

① 以及瑞士、美国。

② 之前我们在原子之地遇到的不相容原理也是他提出的。

动，原子核必须退向相反的方向，以抵消电子的动量，使总动量保持为零。

相似的，能量也是守恒的。电子和后退的原子核具有动能，衰变后的原子核会减少一小部分质量，以提供衰变产生的电子的质量和它们的动能。

如果把以上这些放在一起考虑，我们可以通过解守恒方程来准确地获得电子的动量。在其他的辐射（阿尔法和伽马辐射）中，我们都可以借此精准预测辐射产物的动量。阿尔法粒子和伽马射线对每种特定原子核的衰变都有一个特定的能量值。但是对于 β 辐射，我们算出来的答案是错的。辐射电子的动量和能量分布总是比预测的值要少。这是一个严重的问题。

摆在我们面前的只有两种可能：要么 β 衰变会使能量和动量不守恒（丹麦物理学家尼尔斯·玻尔提出的解决办法），要么我们忽略了衰变过程中的什么部分。泡利认为后一种情况是对的，并提出了中微子的假说。于是中微子便可以带走多余的、不同大小的能量和动量，因而平衡了原子核和电子之间的能量差。能量和动量仍然是守恒的，但是现在电子的能量可以是一个范围内的任意值，如人们所观察到的一样。当中微子的能量几乎为零时，电子具有最大能量；而当中微子带走了可能的最大能量时，电子具有最小能量。所有范围内的能量值都会使动量守恒，并且根据量子力学的概率性质被随机地分配给每个电子。

此时，我们作为探索者，正坐在上夸克附近的机场的到达大厅。虽然我们不断看见有更多刚着陆的旅客出现在大厅，但是并不是所有下飞机的旅客都出现了。有些旅客要么消失了（这将会令人非常不安），要么正在转机到联程的航班，准备飞往中微子地区。

谢天谢地，真实情况是后者。关于中微子的存在，泡利是对的。但是，关于探测中微子的可能性，泡利却说错了。虽然到达位于轻子岛的中微子地区有重重困难，但它们并不是不可逾越的。

标准模型最初诞生的时候，中微子是非常独特的——因为它是唯一的无质量粒子。造成中微子的独特属性的原因和弱力——中微子唯一能感应到的力——有关。

就如我们曾经研究地图上的飞机航线时所见，弱力只作用于具有一种手征性的粒子：左手粒子和右手反粒子。因为中微子只能感应到弱力，所以右手中微子和左手反中微子在标准模型的理论框架中，是完全无法被触碰到的存在。它们所在的地方，无论是公路、铁路还是飞机都无法到达。电磁力、强力以及弱力都无法接触到它们！要是这种粒子不存在的话，我们还会安心一些——即使它们存在，我们又从何得知呢？

在最初的标准模型中，中微子只能感应到弱力的属性。这和它不具备质量的属性有怎样的关系？这两者之间包含着一个奇妙的联系，这个联系牵扯到了相对论和量子场论。我们必须和两种理论都进行友好协商才可以进入，并且好好地了解中微子地区。

之前，在观察弱力奇怪的不对称表现和它只影响左手粒子和右手反粒子的特性时，我们只讨论了无质量粒子会发生什么情况，而我们这么做是有原因的。因为一旦粒子有了质量，左手和右手粒子的定义就会变得有些复杂。粒子的螺旋性——相对于粒子运动方向的自旋方向——不再决定它的手征性。对于有质量的粒子来说，手征性虽然仍然是影响弱力的一项属性，但它不再和螺旋性一模一样了。

如果你仔细想想这一点，你会发现，确实是这样。因为，粒子的螺旋性取决于观测者和粒子之间的相对速度。如果我们追赶一个正螺旋粒子，然后超过它，自旋是不会改变方向的，但是相对速度的方向改变了，所以螺旋性会掉转方向。这和我们从一个时钟的背面去观察它的指针是一样的——它们的运动方向会变为逆时针。

所以，通过超过一个粒子，我们就改变了它的螺旋性。如果这也改变了粒子所受的弱力，我们将能清晰准确地观察到，而且会给我们提供一个测量绝对速度的方法，这违反了相对论。我们可以在没有任何其他参考单位的情况下，用弱力的强弱去定义粒子运动的绝对方向。下面这种情况也同样糟糕：如果我们仅仅是赶上粒子而不超过它，这样相对于我们，该粒子就是静止的。静止的粒子是没有运动方向的，所以根据定义，也没有螺旋性。那么弱力应该如何是好呢？

真实的情况是，当我们赶上并超过粒子时，它的螺旋性会改变，但是手征性不会改变。并且，所受的弱力也不会改变。

无质量粒子全都以光速运动，而且是不可能处于静止的，我们也永远无法超过它们。此时，螺旋性和手征性完全一样。但是，对于有质量的粒子来说，螺旋性虽然仍然和手征性有关，却不完全相同。

结果就是，对于有质量的粒子来说，确定的螺旋性意味着不确定的手征性；反之，确定的手征性意味着不确定的螺旋性。所以，假如我们制造出了一束具有确定螺旋性的粒子，这束粒子就必须含有两种手征性。对于一个有质量的粒子来说，自然状态下两种手征性都必须存在；但对于一个无质量粒子来说，它可以只具有一种手征性。

说回无质量的中微子，如果中微子确实没有质量，我们就可以建立一个只包含左手中微子和右手反中微子的理论。只有和标准模型力产生反应的粒子才有必要存在于理论中。所以右手中微子和左手反中微子甚至都不需要在理论中出现。

根据奥卡姆剃刀原则，存在不得超过其必要性[1]，即最简单的答案通常就是正确的答案。人们最初建立标准模型时，没有包括右手中微子，也没有包括左手反中微子，它们的所在地在地图上完全是一片空白，而且这意味着中微子没有质量。换句话说，中微子的荒原至今都无人勘测，只能通过空中航线到达，机场是那里仅有的设施。

但是，真的是这样吗？

---

[1] 原文为拉丁文："non sunt multiplicanda entia sine necessitate"。

24

2/3 完全隐形的阳光：
标准模型的根本性变革

终于，我们将乘坐飞机飞往中微子之一的电子中微子区，并对它的周边区域进行探索。根据标准模型，电子中微子区的小机场，还有 μ 介子中微子以及陶子中微子的类似机场，应该就是该区域附近唯一值得一看的地点了。但是，在更深入的探索之后，我们产生了一丝疑虑。

对于探索中微子地区的物理学家来说，除了"这种粒子它只有一种手征性"这一点总体上很奇怪之外，另一个令人困扰的问题是"太阳中微子之谜"。最先在实验中观测到这个现象的是 20 世纪 60 年代晚期和 70 年代早期的两位美国物理学家——小雷蒙德·戴维斯和约翰·巴考。

按照戴维斯和巴考的理解，太阳中微子之谜中最核心的问题是中微子的数量不够。太阳以及核物理的知识已经告诉我们，太阳中的聚变反应会产生一定数量的中微子。这些中微子应该是"电子中微子"，即它们的产生过程和电子有关。不稳定原子核会产生的放射性 β 衰变所产生的也是电子中微子。

因为中微子只能感应到弱力，它们和周围物质基本不会发生反应，所以非常难以被探测到。尽管如此，中微子也会参与一种反应，就是经由原子核的散射产生电子。这个反应需要交换一个携带电荷的 W 玻色子，被称为"载荷流相互作用"。它差不多是原先产生中微子的反应的相反过程。

太阳中微子指的是一种特定的情形：来自太阳的中微子会撞击氯原子的原子核，产生氩原子和一个电子。巴考和戴维斯对该反应发生的频率进行了预测，并且设计、实施了一个非凡的实验以测量该反应发生的频率。

巴考和戴维斯的实验用到了 400 吨的四氯乙烯，一种通常被用在干洗液中的化学物质。四氯乙烯中的中微子反应会使氯原子中的一个中子变为质子，产生氩原子。由于弱力反应非常罕见，所以盛放反应液的容器必须掩埋在地下，以尽量隔离开其他粒子。戴维斯采用了美国南达科他州的霍姆斯特克金矿去安置他的实验设施。反应中产生的氩其实是原子核中有 19 个中子和 18 个质子的氩原子同位素。这种氩原子不是很稳定，但是衰变比较慢，任何该样本的一半原子在五周内衰变。戴维斯每隔几周都会将产生的氩原子收集起来，并且通过探测它们的衰变情况去统计它们的数量。他发现，氩原子的数量比巴考根据人们对太阳的了解计算出来的预测结果要低。看起来，太阳中微子产生相互作用的频率比预期的要低得多，只有三分之一。

这意味着，得出以上结论的某个环节肯定出了错。要么我们没有完全理解太阳的发光过程，要么我们没有完全理解核物理，要么实验过程中出了错，要么粒子物理的标准模型出了错。

这个实验结果在当时十分惊人，以至于许多人怀疑问题一定出在实验上。但在戴维斯连续好几年不断采集数据并且改进实验之后，实验和理论的矛盾仍然存在。

如果问题出在太阳身上，那我们可能已经深陷困境了。为太阳提供动力的聚变反应产生中微子和光子。使我们保持温暖的是光子——它们就是阳光，而中微子几乎全部直接穿过了地球。产生于太阳内部的一个中微子以光速前进，大约需要 9 分钟到达地球。但是，内部产生的光子会被限制在太阳之内：它们在太阳中的等离子体之间跳来跳去，被吸收和再释放很多次，在千万年之后才能最终到达太阳表面。一旦光子到达了太阳表面，它也需要大约 9 分钟到达地球。中微子的缺失可能是因为太阳中心的聚变反应减少了。科学家们猜测，或许实验的结果说明太阳的燃料正在耗尽，而这种燃料的缺失还没有影响到我们从太阳那里接收到的光和热，因为光子在到达太阳的表面之前有很长时间的延迟。但是太阳的时日，或者至少是"年日"，已经不多了。

如果问题出在人们对粒子物理的理解上，那么解决方法将不会那么令人望而生畏，但仍然发人深省。答案的关键在于"实验测量出的中微子数量只有预测的三分之一"这个事实。

我们知道，标准模型中有三种不同的中微子：电子中微子、μ 介子中微子和陶子中微子。每种中微子都和一个带电的轻子搭档组成一对，而且每种中微子都通过携带弱力的 W 玻色子和轻子产生相互作用。这些就是之前的机场，也是进入轻子岛的中微子地区的唯一方式。

但是，我们的实验只能检测到第一种中微子——电子中微子。根据核物理对聚变反应原理的解释，太阳中产生的中微子应该都是电子中微子。但是，如果它们在从太阳去往地球的路上改变了呢？如果中微子自己产生了种类的混合，导致它们在到达地球的时候，一束中微子包含数量均等的三种中微子呢？如果是这样的话，我们便能很好地解释太阳中微子实验和理论的矛盾，因为在探测器的观察中，三分之二的中微子是完全隐形的。

在标准模型中，我们已经知道物质粒子会改变种类或者味。如我们在夸克岛时所见，质量确定的夸克和弱力制造出来的夸克并不完全相符——在我们的地图上，机场和城市不完全是同一个地方，所以夸克在运动的过程中会改变味，且能够在味与味之间交替变换。相同的情况可能会在中微子身上发生吗？如果中微子在从太阳去往地球的路上产生味的混合，那么平均来说，到达探测器的三种中微子极有可能数量相等。它们中的三分之二会完全隐形，因此探测器得到的数量会比预测的要低得多，且如人们所见，为三分之一。

在观察了夸克岛上的情况之后，我们已经知道了应该如何应对类似的情况。我们需要这样一个地点，那里的机场和城市不完全处于同一位置。我们还需要给中微子提供一个如夸克所有的混合矩阵，以量化种类混合的反应。但是，要想满足以上条件，就像夸克有着和机场相互独立的城市一样，我们也需要三座中微子城的存在。

然而，将城市与城市区分开的关键之处在于每座城市都有其确定而独特的质量。如果所有的中微子都有相同的质量，这个方法就行不通了！如果我们将中微子的混合作为太阳中微子之谜的谜底，那么中微子必须有着区分各自类别的质量。而且，更准确地说，至少两种中微子（且很有可能是全部三种中微子）的质量不为零。

但是，我们知道，如果中微子的质量不为零，将会有严重的后果。在仔细了解了螺旋性和手征性之后，我们知道，中微子质量不为零将意味着左手中微子也可以变成右手中微子；并且，我们将无法只承认左手中微子和右手反中微子的存在了。右手中微子也必须是存在的。此时，我们必须引入一个新的粒子，而它与标准模型中的任何力都不会产生反应。

要想揭开真相，我们需要来自实验的确切数据——一次终结疑问的探险之旅，以揭开这片土地的真正样貌。萨德伯里中微子天文台——SNO——对中微子的研究，就是这样一次探险。

关键是，我们要设计一个能够探测到任意味中微子的实验。我们采用的方法是测量"中性流"相互作用。在"中性流"相互作用中，粒子之间交换的是 Z 玻色子，而不是 W 玻色子。因为 Z 玻色子不带电荷，所以当中微子打碎原子核时，它仍然是中微子。反应的产物没有电子（或 μ 介子、陶子）。能够证明中微子曾经和原子核产生反应的唯一证据是打碎原子核后产生的一些强子。

要想探测到这些强子，我们的探测器需要有前所未有的敏感度。要想确切地探测到一个破碎原子核产生的微小信号，所有其他无关的放射反应必须被减少到可能的最低限度并且能够被精确测量。为了达成这个目标，SNO 合作研究项目向加拿大原子能项目借用了 1000 吨"重水"。重水和普通的水差不多，重水分子也是由两个氢原子和相连的一个氧原子组成的。但是重水分子的一个或两个氢原子是氢的较重同位素——氘。氘原子核与普通的氢原子核不同，有一个中子和一个质子；而普通氢原子只有一个质子。因此，重水比普通水要重 5%—10%。除此之外，重水就是普通的水，你可以在重水里游泳，也可以喝一点重水。但是，用老鼠做的实验表明，饮用超过约 20% 的重水对人是非常有害的，超过 50% 很可能会致命。

SNO 将重水储存在一个丙烯酸容器内，外部有普通水的包裹，并且用一组极其敏感的光子探测器仔细地监控容器内的反应信号。

当一个中微子在 SNO 的容器内产生相互作用时，三种不同的情况可能发生。一种情况是中微子将一个中子转变为一个质子——载荷流相互作用，然后产生一个电子。只有电子中微子能产生第一种相互作用。第二种情况是，中微子打破氘原子，产生分开的一个中子和一个质子——中性流相互作用。任何中微子——电子中微子、μ 介子中微子和陶子中微子——都能产生第二种相互作用，无论它的味是什么。第三种情况是，中微子可能因中性流相互作用被电子散射。和第二种情况相同，任意味的中微子也都能产生这种相互作用，虽然电子中微子产生反应的可能性是其他味中微子的六倍左右。

不同种类的撞击反应会在探测器中产生不同式样的光。通过统计中性流相互作用的频率，物理学家们能够得知太阳中微子的总数，无论它们是否在不同味之间产生了交替变换。而通过统计只有电子中微子的载荷流相互作用的频率，物理学家们能够得知到达地球的电子中微子的总数。这两个数据之间的差值则告诉他们，有多少中微子在从太阳到地球的途中改变了味。

实验的结果是惊人的。到达地球的太阳中微子总数和预测的数量完全吻合。太阳没出什么问题，而且我们更加准确地理解了为它提供动力的核聚变反应。电子中微子的数量非常少，只有三分之一。戴维斯等人早期进行的极其挑战权威的实验非常有力地证实了其正确性。毋庸置疑，标准模型必须改变，中微子在太阳和地球之间改变了味。因此，中微子具有质量。

事实上，当 SNO 一劳永逸地解决了太阳中微子问题时，日本的另一个实验项目——超级神冈探测器——也在探索轻子岛的中微子荒野中取得了很大的进展。超级神冈用另一种测量方案，证明了中微子具有质量。

　　超级神冈探测器包含一个盛有 5 万吨纯净水的地下水池和周围的光子探测器。它进行关键性测量的对象是 μ 介子中微子。它们在高能粒子轰击地球的上层大气时产生。高能粒子来源于宇宙的各个方向，而且中微子会直接穿过大气层和地球。所以，在日本这个位于一座山下的极其安静的地下水池中，人们预计，μ 介子中微子应该是从所有方向均等地到达实验水池。然而事实并非如此。超级神冈的测量数据表明，从水池下方来的 μ 介子中微子只有从上方来的一半左右。这说明，一些 μ 介子中微子转变成了陶子中微子，而后者是超级神冈无法探测到的。

　　这意味着，中微子确实具有质量。并且，SNO 证明了这（电子中微子的味的转变）确实是太阳中微子问题的答案。考虑到到达轻子岛中微子地区的难度，可以说，我们已经取得了非常惊人的进展。中微子具有质量这一点，是标准模型自诞生以来第一次也是迄今为止唯一一次根本性的变革。它意味着中微子领域比我们原先所想象的要更加复杂和有趣，而且随着对它不断地探索，我们可能还会收获更多。

25

宇宙演化的解释者：
中微子荒原上的新发现

————————

所以，现在就让我们走出降落的小机场，去徒步探索周围的中微子地区吧。

中微子具有不同的质量和混合方式，意味着存在轻子的混合矩阵，就像存在夸克的矩阵一样。所以我们可以合理猜测，轻子岛上的机场都离人口中心有些距离，就像下′机场、奇′机场和底′机场与它们对应的城市一样。虽然总体情况确实如此，但是中微子的情形还是有些不同。

在夸克岛上，下夸克的两个版本——有撇和没撇的——靠得很近，所以显然它们属于彼此。然而，中微子的混合矩阵是非常不同的。要想解释人们的观测结果，中微子的混合范围一定比夸克岛上要大得多。

飞机是能让我们完整探索中微子地区的唯一交通工具。弱相互作用力连接了三个机场：电子中微子、μ介子中微子和陶子中微子。SNO和超级神冈以及在它们之后建成的加速器和反应堆中的其他实验告诉我们，中微子地区不仅仅只有机场，还有这些机场服务的城市，而城市就是有固定质量的不同中微子。但是，在中微子地区，弱相互作用运营的似乎是一家廉价航空公司。城市和机场的距离非常远，而且我们甚至无法确定城市的具体位置——这并不是一个十分令人满意的现状。

但是，这里也存在着一个有趣的可能性。记得吗，夸克的混合矩阵打破了电荷共轭和宇称性的组合对称性，使地图上的南北半球之间、物质和反物质之间产生了真切的区别。我们刚才被迫为中微子引入的混合矩阵也可能会打破组合对称性。

夸克打破组合对称性的影响已经被全面测量了。相比之下，中微子更难以研究，不仅因为它们很少和外界产生反应，而且它们的混合矩阵这方面的数值还没有被测量出来。如果结果是中微子对打破对称的影响很大，那么它的具体数值将帮助我们解释宇宙的演化——为何宇宙几乎全部由物质组成，而不是反物质。

虽然我们对轻子岛中微子地区的探索已经十分有收获了，但是可能还有更多的信息值得我们去挖掘。其他勇敢的探索者仍然在开拓荒野，试图确定中微子是否和其他轻子是相同种类的粒子，狄拉克方程是否适用于中微子，中微子是否在跟随不一样的鼓点起舞。中微子给拓展理论带来的开放性、可能性是惊人的，任何其他物质粒子都无法与之相比。我们很有可能将轻子岛的版图完全绘制错了。中微子地区的蛮荒之地有可能会延伸到赤道以下——我们不知道，但不会停止寻找答案。

物质和反物质几乎是一样的，除了所有的"荷"——决定和各种力产生相互作用的量子数——是完全相反的。所以，电子带负电荷，而它的反粒子——正电子——带正电荷。因此，正电子和电子有着明显的不同。相似的，夸克携带色荷（比如说，"蓝"），其对应的反夸克携带与之相反的色荷（"反蓝"，或者"黄"，假如你想沿用现实颜色的类比）。

在我们知道中微子具有质量之前，我们已经知道了中微子无法感应电磁力或强相互作用力，即使是弱力也只作用于左手中微子。之前，当人们认为中微子质量为零的时候，标准模型只包括左手中微子。但是现在，因为我们知道中微子具有质量，所以之前的模型不再适用了。中微子具有质量，意味着右手中微子也必须存在，和左手中微子混合组成了中微子。因为右手中微子和与所有力相关的"荷"都为零——没有电荷，没有强相互作用力的色荷，也没有弱荷，所以将它们的正负号颠倒一下不会产生任何不同——负零和正零都是零！因此，存在着这样一种可能性，而且许多理论物理学家认为这种可能性极高：右手中微子和左手反中微子是同一种粒子，只有螺旋性是颠倒的。

这样的粒子，当在物理等式中出现时，与夸克及其他的轻子的表现方式是不同的。具体来说，它们质量的表现方式是不同的。[1] 现在，有人正在中微子地区仔细地搜寻这样一个目前只存在于假说中的粒子。他们的搜寻行动专注于某些极其罕见且特别的原子核衰变反应。这样的衰变，假如被成功观测到，将对物理和宇宙学有巨大的影响。

他们所搜寻的罕见衰变反应是"无中微子双 β 衰变"。我们在此之前已经见过 β 衰变了。它是原子核内一个中子变成一个质子，或一个质子变成一个中子的反应过程，两种衰变过程分别会使原子序数 +1 或 –1。β 衰变最初被观测到的时间是 19 世纪末期。而且，现在我们知道，β 衰变会释放出"β 粒子"。β 粒子在前一种情形中是电子，在后一种情形中是正电子。

---

[1] 最初写出相关等式的是意大利物理学家埃托雷·马约拉纳，所以这样的粒子通常被称为马约拉纳粒子。这个名称意外导致许多物理报告中出现了药物。

请回忆一下，β 衰变提供了中微子存在的第一个迹象。当反应产生中微子时，即使我们没有观测到中微子，该反应释放的电子或正电子将具有一定范围内的能量，而不是像我们在实验中测量到的那样，只是一个固定的值。

如其名称所示，双 β 衰变是两个中子或者质子同时转变的过程，将会和两个中微子一起释放出两个电子或正电子。虽然这个反应听上去很难发生，但是对某些原子核来说，它们的能量平衡方式导致这是它们能够衰变的唯一方式。双 β 衰变确实十分罕见，但是人们在几种同位素中都成功观测到了这个反应，并且对各项参数进行了测量。

能够进行双 β 衰变反应的原子核的存在为我们开启了一个全新且有趣的可能性。从很多方面来说，释放一个粒子和吸收一个反粒子是一样的。所以，如果中微子和它的反粒子混合存在，在一次双 β 衰变中，相同类型的中微子可能会同时被吸收和被释放。这意味着，总的来说没有中微子出现或者消失——这就是无中微子双 β 衰变。在这种情况下，产生的电子对会携带固定的衰变能量——就像在单 β 衰变中，如果没有中微子产生，产生的电子所携带的能量是固定的。

假如我们能成功观测到无中微子双 β 衰变反应，就

会发现中微子至少部分是它自己的反粒子。因为中微子
会被一个正在进行 β 衰变的中子以粒子的形式释放，再
被另一个中子以反粒子的形式吸收。这会使中微子成为
一个和标准模型的所有其他粒子存在根本不同的粒子，
也能解释为什么中微子的质量极其微小。这个发现还将
提供另一个破坏电荷共轭和宇称性的组合对称性的过程，
帮助我们理解为什么宇宙中的物质比反物质要多得多。
这个发现也一定会给我们一些关于远东地区的重要线索，
告诉我们当前地图的边界之外是一个什么样的世界。

　　对罕见衰变现象进行搜寻的最大挑战，是如何最大
限度减少来自自然背景的噪音，组成实验装置的每个部
分都必须被仔细排查，利用专门的仪器去寻找自然放射
性反应（主要是铀和钍）的痕迹。探测器的建造和安装
必须处于一个严格管理的干净环境中，以避免在组装过
程中产生任何污染。毋庸置疑，建造这样一个实验装置
需要花费很长的时间。接下来，实验仪器必须被安装在
很深的地下，而且须经受很长一段时间的仔细监视。现
在，有好几个实验组正在组建这样的项目和进行实验。

　　迄今为止，我们已经在探索中微子区域的过程中，
获得了比预期多得多的信息：中微子强势地改变了标
准模型，展现出了造成物质 - 反物质不对称现象的一
个新的可能原因，并且给予了我们有关超出当前能量

范围的遥远东方世界的重要线索。人们深入中微子地区的探索发现之旅还将持续进行下去，这里很快可能就将不再是一片荒野了。但是，对于我们一行探索者来说，现在是时候乘坐一架超远距离的长途飞机飞向东边的航线中枢了。我们的注意力需要放在 W 玻色子、Z 玻色子、光子和胶子的故乡——玻色子国上。玻色子国的中心是一个谜。

第七次探险

进入玻色子国

　　在机场喝咖啡的好处——由结冰的挡风玻璃引发的思考——如何避开火山——食肉的粒子——胜利和归来

看不见的世界
进入玻色子国

原子之地

硅

钠

氢港

电磁力

电子港

轻　子　岛

上城

下城

V_e
V_μ
V_τ

赤

反　物　质

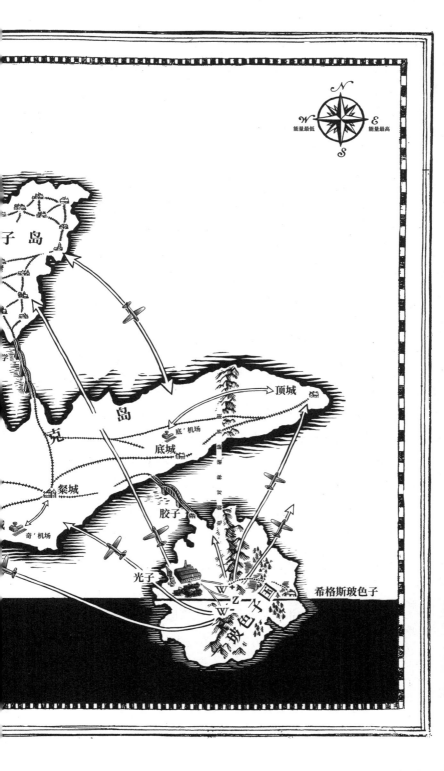

26

假如同时改变世界上所有地方的电压

我们红着眼睛，经历了漫长的飞行。飞机颠簸着陆后，我们准备启程去探索地图上为人知晓的最后一块主要大陆——充满神秘色彩的玻色子国——W 玻色子、Z 玻色子、胶子和光子的故乡。连接其他岛屿的汽车、火车和飞机——所有标准模型的基本力——都产自玻色子国。在玻色子国的中心地带存在一个谜团——我们的下一个探索目标。

玻色子和我们之前遇见的所有物质粒子都不同——电子、μ 介子、陶子、夸克和中微子都是费米子，即自旋为半整数的粒子，而光子的自旋为整数，这对它的行为表现有非常深刻的影响。和费米子排除其他粒子填满能级的表现不同——如遵循不相容原理的原子周围的电子，玻色子会毫无压力地聚集在一起，分享同一片空间。

这只是体现玻色子国特殊性的一个方面。在前往内陆探险之前，我们需要整理好装备。机场咨询处的女士斩钉截铁地对我们说，在启程之前，我们需要做的最重要的准备之一是更好地理解对称性。她向我们保证，在理解了对称性之后，我们便能看清标准模型力和玻色子来自哪里。说完，她递给我们一张解释对称性的传单。

我们之前已经碰见过对称性好几次了：在了解电磁力和相对论时，在发现反物质时，还有在学习宇称性和电荷共轭的概念时。对称性是物理学中一个非常重要的概念，能量守恒定律之类的基本法则、标准模型的基本力，还有重力的理论深处，都蕴藏了对称的理念。所以，我们相信咨询处女士的话，在出发之前，我们需要确保我们知道自己在做什么。否则，我们可能会在内陆的荒郊野岭迷失方向。于是，我们退回到附近的一家咖啡吧仔细阅读拿到的传单。传单的开头充满了哲学性。

对称性之所以能在解决物理问题的时候起到很强大的作用，是因为它和人们对客观性的追求息息相关。在某种意义上，对对称性的追求会使我们思考，当我们从自己视角之外的其他角度去看一件事物的时候，它是否还会保持原本的模样。

当我们说某些物理系统具有"平移对称性"时，我们的意思是，无论你所处的位置在哪里，物理法则都是一样的。"旋转对称性"则意味着，观察某物理系统的角度不会影响观察结果。我们之后会看到，这两种对称性和基本物理法则紧密相连。但在一个更加抽象的意义上，现实世界中的物理法则必定遵循这两种对称性。如果我们生长在一个不同的星球上，物理法则会是什么样的？或者说，如果我们全都是由反物质而不是物质组成的，我们会怎么样？或者……？如果我们发现的物理法则确实描述了宇宙的客观属性，那么无论我们主观的视角是什么，无论我们旅行到粒子物理地图或世界地图的哪个角落，物理法则都应该是一样的。

如果某种物体或某个描述物理现象的方程式，基于某种假设的变化是对称的，那么它在改变发生的前后看上去都是一样的。所以，在某种意义上，改变等于没有改变。例如，基于圆心进行旋转的一个圆形是对称的——无论你使它旋转多少角度，圆形看上去都是一样的。

正方形也是对称的，但仅仅能经受四分之一旋转——即 90 度、180 度、270 度或 360 度围绕自身中心的旋转。旋转任何其他角度，正方形的边都会改变方向：旋转后的图案不会和原先的完全重叠。也就是说，任何其他角度的旋转都会打破圆形的那种完美的旋转对称性。

我们能拓宽对称这个概念，使其包含其他种类的变化，而且我们已经在旅行中找到了其中的一部分。宇称对称的含义为，世界在镜面反射下是对称的，即当所有事物发生了镜面反转时，它们的物理性质不变。但如我们所知，事实并不是这样。因为弱力对于不同手征性的粒子有不同的表现。相似的，电荷共轭对称的含义为，当所有的粒子变成反粒子，而反粒子变成粒子时，物理性质保持不变。弱力将又一次打破电荷共轭对称性，且同时会微妙地搞砸宇称性和电荷共轭的联合变换。这就好像圆形的边缘有一个不完美的缺口，使我们知道它是否被转动了。

对称性对物理法则的影响主要体现在德国数学家艾米·诺特在 1915 年证明的一个理论中。忽略那些技术性的限定条件，诺特的定理表明，对于自然中的每一个连续的对称变换，都有一个守恒量与之对应，即存在某种既不能凭空创造也不能完全摧毁的物理量。

如果某个物理系统具有"连续的对称性"，那么该系统中就存在一个变为任何值也不会影响该系统的变量。圆形的旋转对称性就是这样的一个例子——我们可以将圆形旋转至任何角度，所以它的旋转对称性是连续的。而对于正方形来说，我们只能将它旋转至四个角度才能使其与最初的图案保持不变，所以它的旋转对称性是离散的。我们认为适用于物理法则的一项连续的对称性是

"平移对称性"：你能看见、感受到的物理法则和你所处的位置无关，任何地方的物理法则都是一样的。位置的改变就是一种连续的对称变换。因此，根据诺特定理，一定存在一个守恒量和平移对称相对应。

在这种情况下，守恒的物理量是动量。我们已经在之前的实际应用中见过动量守恒的概念了，但现在我们终于可以清楚地知道它的出处了。从"无论在哪儿，物理法则都是一样的"这个假设开始，我们借助诺特定理能够证明动量是守恒的，随后便能开始推导一系列的运动定律。诺特定理是我们探索者工具箱中的一个非常强大的工具。我们将在到达玻色子国的第一站——光子的时候，充分利用诺特定理。

电磁力也具有连续的对称性。显然，电流从高压流向低压。但是，只有电压之间的差值才是重要的，绝对电压没有任何意义。因此，小鸟可以安稳地停在高压电缆上，而不会变成美味的油炸小吃。电线虽然具有高压，但只要小鸟和电线处于相同的电压，小鸟的身上就不会有电流通过，小鸟就不会受到任何伤害。

也就是说，假如我们可以同时改变世界上所有地方的电压，就不会对任何事物产生任何影响。事实上，可能当你正在读上句话的时候，电压就全部改变了，而你却一无所知。电压改变而电磁力不变是电磁力方程式的一种连续的对称性。在电磁力的量子理论中，电子被描述为波状的量子态。此时，电压的对称性体现在，当电子的量子态的相位改变时，电子的物理性质保持不变。请记住，相位仅仅决定了一道波的波峰和波谷的绝对位置，只有相位之间的差值是重要的。而相位本身的数值，和电压的绝对值一样，对任何事物都不会产生任何影响。诺特定理告诉我们，应该存在一个和电压对称性对应的守恒量。事实确实如此。这个守恒量是电荷，如我们此前从麦克斯韦方程组中所见，电荷无法凭空出现或消失。

在数学中，讨论对称性的理论叫作"群论"。一个数学意义上的"群"是一系列能够满足某种特定对称性的操作的集合。所以，一个包含了正方形的旋转操作的群含有四个元素：能在旋转后让你保持得到的正方形和原先的图案一致的角度一共有四个。对于圆形以及其他任意的连续对称性来说，它们的群均含有无数个元素。

从物理的角度来看，数学的有用之处在于，一旦你学会了某部分数学知识，你将会一次又一次地在不同的物理领域再次应用到它。现在的情况就是这样：数学中许多相同的、描述对称现象的群在许多情况下都会出现。于是，为了更方便地辨识和讨论它们，数学家们给它们分别取了名字。描述 QED 中相位不变性的对称性的群被称为 U（1）。之所以采用"1"来命名，是因为相位只是一项数值（在研究其他的"群"时，我们将会看到更多项的数值），而且"U"意味着单一，即保证电荷守恒的属性只有一条。也就是说，如果我们将一个电子通过群里的操作四处移动，我们永远都只会拥有一个电子，虽然它会有不同的相位。

我们喝完了咖啡。面前的传单显然比大部分给游客看的信息传单要重要许多，它所提供的背景介绍指出了QED中名为U（1）的全局对称性，还有它和电荷守恒之间的联系。在了解了对称性之后，我们终于做好准备，要开始执行探索玻色子国的任务了。我们步行至附近的汽车租赁站，租了一辆四驱车，准备挑战极其复杂的地形。

27

对称性仅仅是个美好的巧合吗?

从机场停车场驶出后，在前往玻色子国丘陵地带的途中，我们仍然紧紧拿着从咨询处获得的传单。传单使我们确信了一条重要的定律——电荷守恒现象和"当宇宙中所有的相位同时旋转时，不会有任何变化发生"的现象之间存在数学证明，这令我们十分满足。电荷的守恒和我们的现实生活息息相关，也是大量的科技创造过程中的绝对关键因素。相比之下，量子场的相位属性听起来就十分抽象，离我们的现实生活也十分遥远。但是，数学告诉我们，电荷守恒和量子场相位之间的关系是：两者中任意一者的存在，即意味着另一者的存在。

到现在为止，一切顺利。但是，这和基本力的携带者——玻色子有什么关系呢？因为这个问题的答案极其不明显，所以我们打算翻山越岭去寻找答案。

虽然我们之前提到过同时在所有地方改变一切相关的物理量，但这个操作听起来就十分不现实。我们知道，瞬时的交流是不存在的。在相对论中，事件"同时发生"这个概念是非常主观的，并且取决于观测者的运动速度。具有不同相对运动速度的人们之间无法统一认定两件事有没有同时发生。

或许，我们应该坚持认为，当所有的相位改变时[①]，物理法则保持不变，即使在不同的地点具体的改变是不同的？这个概念被称作"局域对称"，而此前的概念属于"全局对称"。

如果我们仅仅在局部地区保证对称性，允许电子的相位在整个空间的不同地点有不同的改变，那么我们将会发现很奇妙的现象。要想使局域对称性成立，我们就需要在描述电子的方程式中加入一些额外项。这个操作和我们正在驾驶越野车穿行在荒郊野岭的行为有类似之处。由于我们的司机有些微的强迫症，她想保持匀速前进，使我们不在紧锣密鼓的行程中落后。如果她想在平原上保持匀速，她只需要使引擎的运转功率保持不变即可，而我们到底在处于靠海的平原，还是山区的高原，无关紧要。确实，假如某人利用某种神秘力量将玻色子

---

① 即 U（1）群内的旋转变换。

国整个升高了 100 米，他的行为也不会对司机的匀速前进产生任何影响。只要他同时将整个国家的海拔都升高，平原便会保持平原的样子，吉普车也会保持匀速，司机无须移动她放在油门上的脚。但是，如果海拔产生了局部的变化，即产生了类似丘陵的地形，那么司机要想继续保持匀速前进，她则必须改变施加在引擎上的力。如果我们要上坡，施加在引擎上的力必须增加；反之，如果我们要下坡，则力必须减小。

我们需要改变引擎功率，就如同我们需要在电子的运动方程中加入额外项。虽然这些额外项第一眼看上去有些笨重、别扭，但是在准确地检视它们，并且了解了它们所具有的功效之后，我们会发现它们就是麦克斯韦方程组的量子力学版本！这个结果是非常了不起的。我们只是保证了局部的 U（1）对称性，但同时，我们创造出了描述光子的方程式以及 QED 的全部理论——仿佛凭空出现！当斜坡的坡度改变时，司机必须对引擎施加外力才能使车辆保持匀速前进。类似的，当我们允许相位在局部进行对称变换，QED 会以外力的形式出现在标准模型中。

回头再看，这个惊人的成功结果其实是很有道理的。我们知道，相位对称和电荷守恒息息相关，并且局部的电荷数量不同导致了电磁力的产生。但即使我们已经有了这些信息，仅仅从一项对称性就推导出光子的存在，也是一件非常惊人且美好的事。并且在拥有了这项见解之后，我们便离玻色子国的本质更近了一步。

光子是我们在旅途中听说的第一个玻色子。光子城是玻色子国一座位于西海岸的主要工业城市。在连接夸克与轻子岛、强子岛和原子之地的公路上奔驰的汽车全都产自这里。

现在，我们终于理解了咨询处女士的良苦用心，因为要想全面地探索玻色子国，我们必须正确了解对称性并且用相关的知识来为此后的行程做好准备。整个公路网络以及光子城的工业区都来源于局部相位对称 U（1）。我们忍不住想，对称群这么好用的工具能不能再用一次。除了 U（1）之外，还有其他的对称群。它们能帮到我们吗？

事实证明，对称群能帮我们很大的忙。有一个被称作 SU（2）的群，和描述单一相位变换的 U（1）不同，它的元素是具有两个数值的向量。① 在 SU（2）中确保局部的不变性，就像我们在 U（1）中所做的那样，会产生某些非常像携带弱力的 W 玻色子和 Z 玻色子的东西，这使我们离完全理解航空路线的运作又近了一步。另外，

---

① 名称中的"S"，意味着它属于一个更大的 U（2）群的特殊子群。

强制一个名为 SU（3）的群的局部对称性会产生整个强相互作用力，也就是横跨强子和夸克岛的铁路网以及通往玻色子国西海岸的胶子的桥梁。也就是说，标准模型中所有的力和对应对称群中的局部不变性是紧密相关的。

对称性是一个美妙且令人心生愉悦的自然特征。它出现在生长的植物中、彩虹的弧线上，以及流逝的四季里。但是对称性和标准模型基本力之间的紧密关系，其实并不仅仅是一个美好的巧合，而是一项必不可少的重要规律。

28

"任性不羁"的行为一直在发生

光子城正在我们的后视镜中渐渐远去，我们转向驶往东方，向着玻色子国中部进发，继续我们的旅程。道路渐渐变得难走起来，并且放眼所见，周围的地形崎岖不平。我们之前听说，这个区域有活动的火山，并且偶尔所见的间歇泉似乎给这个说法增添了许多可信度。因为玻色子国是所有基本力发源的地方，所以或许一定程度的震荡和不稳定表现是正常的。

在标准模型理论中，玻色子的交换描述了两个粒子之间的相互作用，这点我们已经在之前的探险过程中见过好几次了。电磁引力和斥力中含有对光子的交换（公路）；强相互作用力以胶子为传递的媒介（铁路）；而弱力的传递通过交换 W 玻色子和 Z 玻色子（所有的航线和有时位置很奇怪的机场）。

标准模型的强大之处部分体现在，你能借助它来对某些物理反应的结果进行快速的预测——例如，可以预测两个运动中的粒子互相弹开的可能性。而且，如果你需要更加精确的答案，你可以多花些精力进行计算，逐渐减少预测结果的不确定性。

我们能够通过研究两个电子进行单一光子交换的概率来粗略计算两个电子互相弹开的概率，因为单一光子的交换是最简单也是可能性最高的碰撞发生方式。但是，如果我们希望得出的答案更加精确，我们就应该考虑交换两个光子的可能性。两个光子的交换可能性更小，因为每当一个电子和一个光子产生相互作用的时候，我们需要将它发生的概率乘以 1/137（大约为 0.007）。[①] 但是如果我们希望答案尽量精确，我们就需要包括这个较低的概率。别忘了，量子力学会考虑所有的可能性。所以，如果我们忽略了某些事实，那么我们将会得出错误的答案。考虑到的情形越多，预测的概率就会越接近真正的答案。

我们还能研究包括交换三个、四个或者更多光子的可能性。每次我们增加光子的数量，这种情形对于总概率影响的程度就越小。做出的修正越来越小，得出的概

---

① 这个比值体现了电子和光子之间相互作用的强度，并且取决于电子的电荷——假如电子携带的电荷更高，则这个数值也会更高。

率就会越来越接近准确值。像这样，从估计一个粗略的答案开始，到系统地用更加精密的修正项改善这个答案的计算方法，被称为微扰理论。

在以上这些情形中，我们称那些被交换的粒子为"虚拟"的粒子，或虚粒子。它们的寿命极其短暂，并且从未被直接观察到。其实，之前在研究影响电子和 μ 介子磁矩的虚拟循环时，还有研究当夸克变成强子时出现的量子真空冒泡现象时，我们已经碰到过虚粒子了。在某种意义上，虚拟粒子是真实的，因为如果我们不将它们包括进计算，得出的答案将会是错的。另外，虚拟粒子和真实粒子之间存在某些关系。例如，虚拟粒子的质量无须和它真实版本的自己拥有相同的质量。虚拟光子的质量可以不为零，但是真实光子的质量永远为零。一个虚拟光子的质量离零越远，它就越不可能被粒子进行交换，产生散射现象的概率也就越低。所以，真实光子和虚拟光子之间存在紧密的联系。不仅如此，任何粒子的真实和虚拟版本之间都存在紧密的联系。最终，探测器捕捉到的只有进入散射的实粒子，以及散射过程中产生的实粒子，但是虚粒子的属性仍极大地影响了观测结果——实粒子的轨迹和成功观测到实粒子的频率。

当我们更仔细地观察地图上的物体时，我们发现，虚粒子的交换还有更深远的含义。根据标准模型，虚粒子可以形成微小的循环路线。这个路线要么连回它们自身，要么向外分裂，形成更小的粒子－反粒子，然后这些粒子－反粒子又会和其他粒子组合成新的粒子。如果你足够仔细地观察任意量子系统，这种"任性不羁"的行为在一刻不停地发生着。在更加仔细的研究之后，我们看到，连单独的一个电子都会有一团虚拟粒子云包围着它，它们循环着，旋转着，并再次连接到电子上。这就是我们之前在轻子岛上探索时，看见的对常数 g 以及电子和 μ 介子磁矩的量子修正。

上面这些理论可能看上去相当抽象，甚至天马行空，但是它和事实是相符的。我们在探索轻子岛时看见过，采用虚拟粒子的循环来计算电子和 μ 介子磁矩会使我们获得惊人的准确结果。人们认为在电子－正电子的湮灭反应过程中，少不了包含顶夸克的量子循环的参与。借助这个理论，人们在实验中发现顶夸克之前，就已经预测了它的存在，并且确定了它的质量。

因为这些循环路线上的粒子携带能量，而且能量是质量乘以光速的平方，所以，这些循环会为我们测量的粒子提供一部分质量，即使循环因为尺寸非常小、速度非常快而无法被观测到。所以，我们合理地设想，我们能够通过把一个粒子所有的循环路线相加来得出它的质量。或许，循环路线甚至能解释轻子和夸克奇妙的质量分布——从极轻的中微子到质量几乎为质子 200 倍的顶夸克，它们的质量从西到东分散在我们的地图上。

遗憾的是并不能。更糟糕的是，试图将循环路线全部相加的话，我们不仅无法得出正确的质量，甚至无法得出一个相对合理的答案——得出的质量是无限大的。这就好像当我们在路边近距离观察一个玻色子时，一座火山突然喷发了！

无限大的质量不仅是错误的，而且完全说不通。如果我们尝试利用这些循环去计算电子的电荷，我们也会遇到相似的灾难。这不是一个好消息。因为，假如我们华丽的理论预测所有事物为无限大，那么，我们所有的结论都会和实验证据相悖。这已经算是相当客气的说法了。

此时便是"量子循环中出现的力都基于对称性"这个事实登场的时候了。对称性将拯救我们。

我们需要暂停一会儿行程并靠边停车。这些关于无限的讨论和可能会突然喷发的火山都令我们非常不安。

当一位物理学家看见诸如"无限大的电子质量"之类的计算结果时，他会直接说："这明显是一派胡言。但是因为我已经测量过电子的质量了，所以我应该知道答案是什么了。"我们可以对相关理论背后的方程式做出这样的操作：每当电子质量和使它成为无限大的项出现时，我们就把它划去，然后用我们实际测量的值来替代它。这是一个合理、务实的方法，即使它确实有点作弊的感觉。我们称这个操作为"重整化"，因为方程中出现的无限项正在被重新整理为一些更为合理的形式。但是，即使我们这么作弊，大部分时候我们仍然无法成功消去无限大的量。

问题在于，我们认为在计算中增加更多的循环和交换粒子的可能性会使计算结果更准确。所以，当计算包含单个循环的所有可能性时，我们会得到一个无限大的结果。然后，再将这个无限大的结果替换为测量得到的质量。接下来，我们试图通过在计算中加入下一组循环来提升答案的准确度——得到的结果又是无限大。也就是说，我们必须再一次用测量结果来进行修正，并且我们新得到的计算结果对获得正确答案完全没有任何帮助——每当我们试图改进计算结果的时候，这样的情形就会发生。这令人非常懊恼，而且这意味着，我们得出的结论是该理论无法做出合理的预测。一般情况下，重整化是不管用的。

但是，有一类理论能使重整化真正起到作用。并且，人们已经证明了它的作用。如果该理论遵循局部对称，那么我们只需要将无限大的值替换为测量值一次。对称性保证了量子修正的对称部分会相互抵消，而剩下的有限项则确实能使计算结果更准确。① 在此之后，无论在计算中包括多少循环，我们都不会再看见和事实相反的无限大的量了。

令我们欣慰的是，所有的标准模型力都具有这样的特性：电磁力有 U（1）对称，弱力有 SU（2）对称，强力有 SU（3）对称。所以，就这三种力的理论来说，重整化是真实有效的。我们作弊了一次，此后的游戏对双方都是公平的。这或许并不是一个巧合。或许，基于对称性建立理论是唯一一种能使该理论包容无限项的方式。

关于此次探险，我们已经取得了极大的进展。于是，我们启动引擎驶回公路上，稍稍平缓心绪之后，继续旅行。

---

① 这个结论的证明由荷兰物理学家赫拉尔杜斯·霍夫特和马丁纽斯·韦尔特曼在 1971 年发表。

29

质量和隐藏的对称性

我们的越野车在满是石块的道路上颠簸前行，每往东边大约行进一千米，所见的风景就变得奇怪、狂野一分。虽然我们已经不再像之前一样时刻提防着被可能突然喷发的无限岩浆吞没，但是玻色子国内陆的奇特风貌仍然无法使我们完全放下心来。而造成这样奇特地貌的罪魁祸首，和之前的许多次一样，仍然是弱力。

SU（2）群给予了我们"某种类似于"携带弱力的W玻色子和Z玻色子、但是又不完全一样的粒子——SU（2）带给我们的粒子是质量为零的W粒子和Z粒子。这就产生了一个大问题。我们最初在玻色子国着陆的地点是W玻色子和Z玻色子所在地。我们知道，它们是具有质量的。但是，如果这些玻色子具有质量，它们将会打破对称性，且可能会再次释放出"无限大"这个洪水

215

猛兽。

对于强力来说，上面这个问题是不存在的。因为胶子不具有质量，所以它们不会打破 SU（3）对称。重整化是可行的，循环中的无限大的项能够被消除。相似的，携带电磁力的光子的质量为零，所以它不会打破 U（1）对称。

但是，W 玻色子和 Z 玻色子都具有较大的质量——它们的质量是质子的好多倍。因此，对于弱力的携带粒子，我们无法将它们的质量忽略不计。这也是为什么弱力的强度非常微弱，并且作用距离极短。另外，我们已经在粒子对撞机中成功制造出 W 玻色子和 Z 玻色子，并且直接测量过它们的质量。所以关于它们具有不小的质量这个事实，我们是完全可以确定的。它们在地图上位于光子和胶子的东边。但是，W 和 Z 的质量会打破 SU（2）对称。这个事实的表面含义就是，重整化对于描述弱力的公式是无效的，我们无法阻止"无限大"的肆虐。整个理论仿佛都是无用的。

好在有方法能隐藏对称性。这个方法在自然中还经常发生，并且不仅仅是在难以企及的地图东部。例如，一种气体或液体晶体的构造就具有隐藏的对称性。气体或液体没有棱角，从任意角度，或任意自身内部的位置看上去都是一样的。

现在，我们已经沿着一条陡峭的山路攀行了好几千千米。在这个过程中天上下着倾盆大雨，不停地敲打着越野车的车顶和引擎盖。前挡风玻璃上，雨刮器在疯狂地清扫雨水。而当我们试图辨认所处位置而往窗外窥探时，我们发现，车两边的窗户基本上就是一幅水帘。随着我们不断驶向更高的海拔，渐渐地，云层变薄，雨势减弱，温度迅速降低。此时，我们发现挡风玻璃上的水开始结冰了。

请想象，有一位小小的物理学家正在挡风玻璃上的水帘之内四处张望。他实在是太小了，以至于整块窗玻璃看上去就是一片无限延展的平面，且整个表面被很深的水潭覆盖。他无法辨认自身所处在窗玻璃上的具体位置，也无法得知自身面向的方向。四周一切看上去何其相似。

然后，液态水开始凝固，开始形成晶体。纤细的像蕨类植物树叶的冰花渐渐地扩散，最终布满了整个窗玻璃。这时，对于窗玻璃后的物理学家来说，并不是所有方向的景色都是一样的了。有些方向和冰晶的晶状叶片平行，有些方向不平行。我们的小个子物理学家能够清楚地看见一排排整齐划一的水分子形成的一个个平面，并且能够根据相对于那些平面的方向来定义不同大小的角度。除此之外，虽然小个子物理学家仍然无法说清楚他究竟在窗玻璃上的具体位置，但他能够确认自己是处于晶体内的一个水分子平面上，还是处于平面之间。现在不是所有位置都是一样的了。

作为一名物理学家，和我们一样，他应该深刻地了解"位置的不同具有的意义"的重要性。一种曾经存在于液态水中的对称性在其固态的晶体内不存在。但事实上，即使是在固体中，主宰了水分子之间相互反应的理论——电磁反应——仍然蕴含了该对称性。对称性被隐藏起来。液态水和冰晶相比，处于一个能量更高的状态。冰晶之所以隐藏了原有的对称性，是因为规律的晶体处于能量更低的状态。随着液态水的能量失散在周围环境中，它的原子会自行排列组合，形成最小化总能量的组合结构。能量由动能（运动速度越慢，动能越小）和势能（因为相互作用力而存在的能量）组成。结果就是，当液态水凝固成为晶体时，虽然它仍然比较对称而且还相当美观，但是和最初的水帘相比，晶体失去了部分对称性。

有一些物理定律具有一般性，它们的适用范围不仅涵盖了我们的整张地图，而且还包括了超出地图范围的其他所有区域。热力学第二定律——熵永远在增加，就是其中之一。在某种意义上，熵是一个测量混乱程度的物理量。例如，粒子的衰变会使熵增加，因为在这个过程中，一种独特的能量分布方式（所有能量都在一个粒子中）转变成了好几种不同的能量分布方式（能量分散在几个粒子内，每个粒子都可以具有不同大小的能量）。这个过程的结果使我们处于一个比原先更普通、更混乱的状态。因此，如我们在之前的旅程中所见，当条件允许时，粒子总是会进行衰变——这个过程会使熵增加。

考虑到以上这一切，你可能会产生以下的担忧：水的结晶过程看上去好像是从一个无序、混乱的状态中产生了一个更加有序的状态，那么这个过程为何能够自然地发生呢？事实上，随着液态水温度降低，其中的能量分散到了环境中，完成了能量的再分布。这意味着，当水凝固后，总体系统（包括冰晶和它的周围环境）比原先具有更高的熵。因为相同的原因，一旦你考虑到地球的附近存在一个无时无刻不在疯狂，且重新分配能量使自身发光发热的热核反应堆（太阳）后，你就能够欣然接受，人类从太古的软泥怪进化到智人的过程并不违反第二热力学定律。

结晶和进化都是非常复杂且难以预测的过程，相比之下，物理关心的问题更加简单——我们需要知道的全部内容就是，冷却过程和能量的再分布过程，可以藏对称性。关于粒子之间的相互作用，即使我们已知它们具有某种对称性，但是当该类粒子处于低能量的状态时，仍然可能不会显示所有的、相同的对称性。对称性的隐藏是一个指针，它指向了玻色子国东部——那里到底有些什么，还指向了一个解——关于 W 玻色子、Z 玻色子质量问题的解。

隐藏的对称性和对称性一样重要。后者不仅带给我们许多守恒定律，还使我们远离各种无限大的量。决定粒子和力的表现行为的基本法则中具有对称性，这是物理学的基础，而有些对称性在低能量的状态下会被隐藏起来。也就是说，对称性的隐藏在日常生活中是不明显的。

别忘了，我们曾经在携带弱力的玻色子那里遇到了问题。要想使我们远离无限大的数量，在这个特定情形下我们需要对称性——SU（2）群。但是我们也知道 W 玻色子和 Z 玻色子的质量打破了对称。水凝固结晶的过程为我们指了一条离开这个困境的路。液体冻结成为晶体的过程隐藏了电磁反应固有的旋转和平移对称性。在这个过程中，物质的原子或分子重新组合形成低能量的状态，而这种状态却恰巧比高能量的液态具有更多有序的结构。标准模型以一种和晶体非常相似的方式隐藏了弱力固有的对称性。这种情况下产生的能量界限是我们地图上一条极其重要的经线。在爬上之前一直在攀行的山脊后，我们终于到达了这条分界线。越过玻色子国中心地带绵延不绝的森林和草原，向远方眺望，我们能看见东海岸。

　　就 W 玻色子、Z 玻色子以及剩下的标准模型而言，"日常生活"对应着在分界线以下的能量。在这里，弱力的 SU（2）对称性被隐藏起来了，而在分界线的另一边，情况会大不同。我们已经到达了"电弱对称破缺界限"。

30

感谢"质量"相差那么多吧，
这样世界才稳定

标志着电弱对称破缺分界线的山脊后面是一条横亘南北的裂谷，它位于两块大陆板块之间，与我们地图上所有的纬线相交，延伸至南半球。当我们开始从登山道下行进入森林时，我们就知道很快会有意外发生。

在这条经线上，物理性质会发生显著的改变。因此，许多实验和测量结果都会受到影响。或许，受到影响最明显的实验之一是我们之前在环绕强子和夸克岛的铁路旅行中碰到的——电子撞击质子后产生的散射反应。这个实验现象首次揭露了在强子内部存在夸克。

在这类实验中，一道轻子束（通常是电子或正电子）在撞击一个强子（通常是质子）后散射开来，并且由于轻子束向强子传递了大量的能量和动量，整个强子会被撞得粉碎。通常，这个过程中包含了电磁的相互反应，即电子和一个夸克之间交换了一个虚拟光子。

但是，在电子-质子的碰撞过程中也可能会产生弱力的相互作用，即交换的虚拟粒子是 W 玻色子或者 Z 玻色子。因为 W 玻色子会带走电子的电荷，因此当 W 玻色子被交换时，散射后出现的轻子是中微子。[①] 你可能已经猜到了，这些"载荷流"现象比电磁力的散射现象要罕见得多，对应的结果就是，弱力的影响和效应比电磁力要——微弱。

随着我们不断向东移动，能量规模不断增加，这两种不同的散射现象出现的频率也不断靠近。直到现在，我们正在下山的时候，它们两者的出现频率已经大致相同，而当我们完全走下电弱对称破缺界限的山脊后，它们的频率将变得完全相同。如果我们能综合在之前的旅途中学到的种种，我们已经有足够的知识储备来理解这个现象背后的原因了。

在能量更低的西边，大多数电磁力和弱力的强度和范围的不同是因为交换的玻色子质量不同。光子的质量为零，而 W 玻色子和 Z 玻色子的质量差不多有 10^{11}eV——大约是一个氢原子质量的 100 倍。

---

① 这是 W 玻色子在将成对的粒子互相交换，在我们最开始研究弱力的时候就遇到过这个概念。

力的范围和强度取决于被交换粒子的质量，因为被交换的粒子是虚拟的，没有所谓正确的质量。事实上，这些粒子不可能具有正确的质量——一个电子无法突然释放一个真正的光子、W 玻色子或 Z 玻色子，并且还保持能量守恒。粒子在产生相互作用时能够产生交换粒子的唯一前提条件就是，释放出的粒子不具有正确的质量。并且我们已经知道，虚拟粒子的质量和正确质量差得越多，它被释放或交换的概率就越低。

在充满了低能量交换的原子之地，还有在更西边的日常生活中，具有质量的 W 玻色子和 Z 玻色子距离它们的"正确质量"比光子距离它的"正确质量"要远得多，所以产生交换 W 玻色子和 Z 玻色子现象的频率就更低。因此，在日常生活中，电磁力比弱力的影响要更强，出现频率也更频繁。

但是，随着我们不断往东边走，能量不断升高，W 玻色子、Z 玻色子和光子与它们的正确质量之间的差距变得越来越无关紧要，弱力和电磁力的强度也逐渐变得越来越相近。[1] 以我们地图上的交通网络来说，当我们跨越这

---

[1] 虽然这两种力仍然来自不同的对称性——U（1）和 SU（2），但此时中性玻色子会出现一种混合现象。光子不是单纯来自 U（1）的光子，Z 也不是单纯来自 SU（2）的 Z。它们都混合了来自两种对称性的中性玻色子。

个山脊之后，空运就变得和公路运输一样"平常"了。这主要是因为，地面的道路变得非常难以行进。

因为弱力和电磁力在这里越来越相近，所以质量的问题就变得更加重要。W玻色子和Z玻色子的质量在决定弱力的特性上起到了非常重要的作用，并且我们仍然对它们会打破重整化和产生无限大的数量这些方面心存怀疑。我们不仅能从结冰的挡风玻璃上得出相关的线索，还能从我们刚刚穿越的山脊线的名称——"电弱对称破缺界限"中得知，在W玻色子和Z玻色子质量问题的背后，存在着被打破的对称。

人们在几十年前，在还未建立剩下的标准模型的时候，甚至在发现夸克岛之前，就已经怀疑对称性破缺可能是这一系列问题的答案。如果基本粒子——无论它们究竟是什么——具有质量，那么有些现象就一定会发生。在我们即将进入的森林中，一定有某些与众不同的奇特现象正在发生。

31

寻找希格斯粒子

我们在山脚下安营扎寨，并派出一个小分队徒步探索，小心翼翼地研究这片新土地上的动植物。从厚厚的植被后面窥探，一幅生动戏剧的景象映入眼帘：一群大型肉食动物正在尾随着一群更大的食草动物。一位向导认出了这些动物并且压低声音开始讲述起这一场景来：

弱力玻色子们组成了一个小捕猎队。它们无声无息、鬼鬼祟祟地在灌木中尾随着，渐渐接近了毫无察觉的戈德斯通玻色子们。一个戈德斯通玻色子或许感觉到了什么，突然抬起头。弱力玻色子们猛地跳了起来！三个戈德斯通玻色子被击倒，被狼吞虎咽地吞食并消化。它们将提供给弱力玻色子们非常重要的纵向极化形态。但第四个更警觉的戈德斯通玻色子逃走了！在获得它自己的质量之后，这个无自旋的粒子向东逃窜至安全地带躲藏，只为再活一天。

显然玻色子国是一个残酷的地方，但这部分的自然历史涵盖了 W 粒子和 Z 粒子质量问题的答案。这个答案包罗万象，需要几个步骤和一些我们一直试图对物理标准模型进行补充的附加内容。

要想建立一个囊括所有这些方面的理论，第一步是非常戏剧性的，我们必须创造出一个新的遍布整个地图，甚至整个宇宙的量子场。它和到目前为止我们所遇到的任何其他的场都不一样。量子场既没有自旋，也没有电荷。

第二步，这个场必须有隐藏的对称性，这与我们上山时挡风玻璃上水凝固的情形相似，但并没有这么简单。想象所有水分子都有一个磁偶极子。处于液态时，它们会指向不同的方向，且随着兴奋的抖动持续互相碰撞，变换排布的姿势结构，所以总磁场是不存在的。当水降温并冻结时，抖动减弱，最终水分子们会安分下来，直至所有偶极子都指向相同的方向，因为这是能量最低的组成结构。① 降温后，因为偶极子们现在指向同一个方位，总磁场产生。这个磁场同时也打破了整个系统的对称性，它为磁场的南北极选择了特定的方向，而在处于液态时此方向并不存在。为了解决 W 玻色子和 Z 玻色子的质量问题，我们假设宇宙中存在一个模拟上述行为的量子场。在宇宙温度高、密度大的时候，量子场存在对称性，且平均值为零；当能量降低至能打破电弱对称性的刻度以下后，量子场会获得一个非零的平均值。

在第三步中，我们将这些基础粒子的质量设定为和这个量子场的非零数值交互所获得的属性。对这样的场（没有自旋和电荷）来说，该操作可以通过数学来实现。我们从所有设想中获得的好处以及这三个步骤的目标，是将对称性保留在我们的理论中以避开无穷数。但电弱对称性在日常生活中并不存在，所以粒子们拥有质量。

这一切都非常美好，甚至有点太过美好了。

当一种对称性被某些现象隐藏起来时，它是会留下痕迹的。更加确切地说，它会留下某种新的传递信息的方式。它消失的地方将会出现新的粒子，一种无质量的玻色子。这种玻色子应该出现在标准模型的量子循环中，也应该在玻色子国的某处游荡，但在任何地方我们都没

---

① 具有这种特性的物质被称为铁磁体。

有看见它们的踪迹。精确的研究和测量已经使它们在我们的地图上没有任何存在的空间了。这对于我们美好的打破对称性的方法来说，是一个严重的问题。

甚至存在这样一个数学定理——戈德斯通定理，即当一种对称性被隐藏时，上述的玻色子必定存在。在我们已经观察过的物理现象中，你就可以看见它们的身影。当一块晶体或一系列规律排列的磁偶极子产生时，一种新的在它们内部传递信息的方式就诞生了。当一个原子从它在整个阵列的位置上稍微移动了一点点时，或者当一个偶极子从它对齐的方向稍微偏转了一点点时，这个改变所产生的微型振动（微扰）就会在整个物质内部如同涟漪一般扩散开来。这个涟漪可以传递能量和信息。"涟漪"是一种经典物理学的比喻，而在量子场内，这种涟漪就会是一种新的无质量玻色子。

从表面看，给 W 玻色子和 Z 玻色子提供质量的量子场产生了上述四个无质量玻色子，但是我们已经走过了足够大的地图面积，所以能够确定地图上并不存在这样的玻色子。20 世纪 60 年代，好几位物理学家与这个问题进行了反复的较量。当时物理学家们所研究的玻色子并不是 W 和 Z，因为那时人们还不知道它们。物理学家们研究的是一般意义上的具有质量的基本粒子。简而言之，问题是：如果有质量的玻色子携带着一种力，那么一定有一种对称性被隐藏了。但是，如果有一种对称性被隐藏了，那么戈德斯通玻色子就应该存在，而它们在哪里呢？

这个问题的答案是由两名比利时物理学家弗朗索瓦·恩格勒和罗伯特·布绕特，以及来自爱丁堡的彼得·希格斯发现的。这个答案和我们第一次深入电弱对称破缺界限山脊之下的丛林时，所亲眼看见的包含肉食行为的玻色子的食物链有关。

一个自旋为1的无质量玻色子，例如光子或胶子，所携带的自旋有两种可能的方向。它的自旋能指向和它运动方向相同或者相反的方向，并且这个方向定义了它的螺旋性。我们之前在研究一种和玻色子非常不同的粒子——中微子时，就曾经遇到过自旋和螺旋性的概念。

因为无质量的粒子必须以光速行进，所以它们运动的方向永远都能够被清晰地定义。在任意参考系中，无质量的玻色子都不是静止的。无质量的W玻色子或Z玻色子也是这样。但是，一旦它们具有了质量，它们的表现就不再是这样了。如果一个玻色子处于静止，那么它的自旋应该指向哪里呢？这个问题的结论就是，对于具有质量的玻色子来说，我们需要一个额外的描述其状态的选项——所谓的"纵向"形态。纵向形态对应着自旋方向垂直于粒子运动方向的运动状态，并且无质量玻色子是不具备这种形态的。

W 玻色子和 Z 玻色子占用了三个戈德斯通玻色子以提供这些纵向形态，给 W+ 和 W– 各一个，再给 Z 一个。在某种意义上，W 玻色子和 Z 玻色子将这三个戈德斯通玻色子都给吞食掉了。虽然这些标准模型中的数学过程相当美好，并且能带给人深刻的启迪，但是无法否认，玻色子国是一个相当残酷的地方。我们观赏这些数学运算的过程就好像在观看一档血腥的讲述自然历史的电视节目。

人们在过去几十年的粒子物理研究中，一直在花费很大的力气追寻那个跑掉的、更加警觉的戈德斯通玻色子。它是一个标量粒子，即它不具有自旋——它是标准模型的基础粒子中唯一的标量粒子，并且它已经获得了质量。我们为了解释电弱对称破缺而组合起来的理论原理同时也预测了这最后一个戈德斯通玻色子的存在。如果我们能在玻色子国发现它，那么弱力以及我们地图上与其相关的那些部分都能够说得通。如果我们无法发现它，那么我们面临的问题就非常严重了。人们称这最后的一个戈德斯通玻色子为希格斯玻色子。

我们在玻色子国的森林中追踪希格斯玻色子时，发现了好几条线索。位于芝加哥的万亿电子伏特加速器（又被称为正负质子对撞机）精确地测量出了顶夸克和

W 玻色子的质量，而欧洲核子研究组织（CERN）和加州的斯坦福线性加速器更加精确地测量了 Z 玻色子的质量。我们通过将这些测量结果相结合，极大地限制了希格斯玻色子可能会出现的区域。因为如果希格斯玻色子存在，那么虚拟的希格斯玻色子便会通过量子循环影响这些已经被测量过的量。

标准模型还精确地预测了希格斯玻色子出现在实验测量中时会是怎样的——非常短命，以不同的速率衰变为其他的标准模型粒子。对于任意质量的希格斯玻色子，这些速率都是能够被预测出来的。但是人们不知道希格斯玻色子自身的质量，也无法预测，只知道它应该在离电弱对称破缺界限不远的某个地方。

最终，我们搜遍了地图上所有可能包含从标准模型中消失的希格斯玻色子的区域。使我们完成搜寻的最后一个发现来自 CERN 的大型强子对撞机（LHC）。在 LHC 中，人们质子们以前所未有的能量等级迎面相撞。这个机器，从实际效应来看，就是人们所建造的最强大的显微镜，它使我们能够到达整个玻色子国，甚至更远。2012 年，人们终于观测到了希格斯玻色子。人们首先观测到，它们会衰变为成对的光子，以及成对的虚拟 Z 玻色子。随后在其他的衰变路线中，人们也发现了希格斯玻色子的存在。它的质量大约是 125 GeV，或大约是质子质量的 130 倍。[①] 这个极大的质量虽然使它被安置在了玻色子国东部的偏远地区，但也完全位于和标准模型相符的质量范围。

我们离开了玻色子国的森林，到达了东海岸。在这里，我们发现了一座生机勃勃、车水马龙的海滨城市，城市里的人们正在非常仔细地研究希格斯玻色子。尽管如此，当人们听说我们在希格斯玻色子的自然栖息地看见过它时，仍非常激动。奇妙的玻色子生态系统或许仍能教给我们许多东西。

在这次旅行的终点，无论是作为探索者，还是作为对理论进行预测的地图绘制者来说，我们都取得了一次了不起的胜利。在我们知道希格斯玻色子确实存在之后，我们便能够构建出这样一个理论：它将允许 W 玻色子和 Z 玻色子具有质量——这和我们观测的结果相符，同时它还具有对称性——这将使我们无限远离麻烦。也就是说，这个理论在能量远大于电弱界限的遥远东边，仍然能对物理现象进行成功的预测。它将带领我们深入未知的领域。

---

① 爱因斯坦提到能量等同于质量，即有名的能量转换公式 $E=mc^2$（1 克 $= 9 \times 10^{13}$ 焦耳）。在粒子物理学的使用中，质量和能量常可互换，使用 eV/c^2 或甚至直接使用 eV 作为质量的一个单位（后者的使用时机：把光速 c 设为不具单位的 1）。

第八次探险

那些令人匪夷所思的猜想

深思熟虑——晚餐和一个决定——东方、故事和猜测的魅力——拼图和无缝网络——扬帆起航

Sphaleron 粒子

"变色龙"粒子

另一个维度

暗能量

量子引力

超对称

暗物质

能量最低

能量最高

岛

顶城

底机场

底城

胶子

光子

希格斯玻色子

W⁺

Z

W⁻

32

为什么要继续前行？

我们站在玻色子国的东海岸，一边凝望着眼前的海平面，一边回想着之前探险过的每个地方。现在的问题是，我们是否应该继续我们的旅程？或者说，这里是否就是旅途的终点？我们是否应该在这里停下脚步？此时，我们注意到了一家看上去相当不错的以鱼肉为招牌菜的餐馆，它紧挨着人行道，并且带有一个朝向沙滩的露天平台。我们找了一张桌子坐下，准备一边吃晚餐，一边讨论关于未来的计划。

就着开胃的酒菜，我们重温了近期旅行中的发现。人们在做出预测和不断追寻之后，终于找到了希格斯玻色子，这是一次伟大的胜利。人们发现了现有理论中存在的一个问题，这促使人们猜想了一个在属性上与以往任何粒子都截然不同的全新自然粒子：一个自旋为零的基本粒子。在物理学研究历史中，这样的胜利出现的次数可能比你想的要少得多。狄拉克成功预测了反物质的存在，这个成就或许可以与发现希格斯玻色子比肩，但是除此之外就没有什么可以与它相提并论的发现了。

因为希格斯玻色子的存在，标准模型屹立不倒。我们地图上的不同区域也都能相互连通，以一种自洽的方式和谐地共同存在着。

在原子之地，化学元素们规律地排列着，每一个元素的原子都由一个原子核和其周围的电子组成。量子粒子们被精妙的电磁力公路网络绑定在一起。

轻子岛上的电子以及它另外两位东边的盟友——μ介子和陶子，也都连通了公路。岛上还有中微子地区，位于偏远的南面和西面，并且只能通过飞机到达。运行空中航线的是弱力，它虽然非常轻微，但连接了所有我们曾去过的大陆。

在原子之地的东边，我们进入了原子核的内部，到达了强子岛。质子、中子以及其他的强子被精密的强相互作用力铁路网络连接。强力的铁路使我们得以进入夸克岛，参观了那里的下城、奇城等主要城市，以及它们附近带"撇"的机场。

最后，我们到达了玻色子国，理解了整个交通运输网络的运作方式，并且在电弱对称破缺界限附近追踪到了希格斯玻色子的踪迹。

虽然中微子地区可能还有一些我们没有涉足的荒山野岭，但是我们所有的发现差不多都符合标准模型的推断。假如我们没有发现希格斯玻色子，那么我们绘制的地图将只是一个大致的轮廓，并且在几乎全是山路地形的电弱对称破缺界限山脊附近，我们对于事实的预测将一定会失败。但因为我们确认了希格斯玻色子的存在，所以不同的对称性能同时出现，无限大的项能够被消除，并且基本粒子还能够拥有质量。标准模型只定义了极少量的基本粒子和基本原理，但是却能预测横跨了极大范围的各种物理现象。这些现象的能量规模下至零，上至 10^{12}eV 以上，并且还极有可能延伸至更远的地区，远超出地图东边的边界。在我们的探索团队中，有不少人觉得这些发现已经足够了，为何还要继续探索呢？

随着主菜被一一端上，其他人强烈地表示，我们既不应该过度评价标准模型的功能和精密程度，也不应该因为无所发现而感到绝望，有好几个因素使得我们有必要继续探索。请记住，我们的整个地图并没有包括任何一种基本力。如同我们在休息站讨论过的一样，重力是被广义相对论所定义的。并且，在相对论的语境中，重力是空间 – 时间扭曲的结果，而并非像标准模型的其他力那样，是一种以玻色子作为调节媒介的力。对于被我们地图覆盖的地区来说，标准模型的理论已经足够强大了。我们甚至可以建立起一个在这些区域中起作用的重力量子理论，虽然这个理论将无法被重整，并带给我们许多麻烦。确实，在足够遥远的东边，当能量足够高时，重力量子理论将难以维系。

因为重力没有被正式包括在标准模型理论内，所以，如果我们向东走出足够远的距离，一定会遇到一个大约和 10^{28} eV 能量相对应的距离界限。当能量超出这个界限时，我们对于时间、空间的理解将全盘瓦解。这就是普朗克尺度。当能量到达这个尺度时，重力将变得和其他力一样强。奇点和无限大的情况将会随时随地爆发，并且我们没有任何手段能够去理解，或者预测可能发生的事。人们曾经试图用一个单独的理论框架——标准模型——去描述所有的自然物理现象，而此时，这个充满野心的举动遇到了最重要的一次败北。显然，即使标准模型吸纳了广义相对论的一部分，它也不是一个万有理论。

更糟糕的是，即使在能量更低的情形下，标准模型和广义相对论之间的"合伙人关系"也是非常不充分的。

重力的理论带给物理学的伟大的突破在于：相同的一套理论不仅能够解释为什么地球上的物体会掉落到地面上，还能够解释为什么宇宙中行星和卫星都会沿着轨道绕行。它体现了物理学发现中一种经典的成功方式——一套单独的规律描述了一系列范围很广的现象。因此，牛顿对于重力的发现就是一次很大的突破，虽然我们需要了解广义相对论才能完全准确地预测行星的运行轨迹（以及足够准确地预测一颗人造卫星的绕行周期和轨道，以保证全球定位系统的正确运行）。

随着人们对更遥远的天体恒星、星系、星系团等做出精确的观测，我们理所当然地认为，它们的运行也应当符合我们的重力理论。更加准确地说，人们想要将遥远恒星围绕星系中心运行的规律和太阳系中行星围绕太阳运行的规律相对比，看看两者是否都遵从了相同的重力法则。太阳系中每一个沿轨道绕行的行星都具有能够被准确预测的行进速度。因为行星和太阳之间的引力必须刚好和行星进行圆周运动的向心力相等，所以行星的运行速度是能够被确定的。相同的道理也适用于环绕星系中心运行的遥远恒星。在太阳系中，广义相对论和行星实际的运行情况相符。但是，对于位于遥远星系中的恒星来说，广义相对论和我们观测到的运行情况不符。它们运动得太快了——它们的轨道速度太大了。

在穿越原子之地的探险中，我们已经遇见过用光谱学科技准确测量恒星运行速率的例子。每一种原子都会释放或吸收特定波长的光，和它们的电子能够进行的特定能级跳跃有关。这个规律使我们能够通过光谱分析来辨认遥远恒星中都含有什么化学元素，如我们在探索原子之地时所见到的。除此之外，我们接收到的光谱有时是偏移的，因为那颗恒星在靠近或远离我们。就如经典例子，一辆鸣笛的警车从路人身边经过，当警笛靠近时声音的频率会变高（对于光来说，我们称之为蓝移），当警笛远离时频率会变低（对于光来说，我们称之为红移）。其中，在天体观测中红移更为常见，因为总体来说所有的恒星都在远离我们。利用这个方法，天文学家薇拉·鲁宾和她的团队准确地测量了一些星系的旋转速率，并且成功地使所有人都意识到了一个巨大的问题：因为恒星运行的速度太快了，所以星系应该是正在飞速地互相远离。

要想解决这个困境，我们要应对这两种可能：要么，我们关于引力的理论是错的；要么，我们对于星系质量的估算是错的。

如果真实的星系质量比我们所能看见的恒星和气团的质量平均要大四五倍，那么我们的计算就行得通了。更大的星系质量能够给恒星超快的运动速率提供一个解释。但是，如果看不见的质量确实存在，那么它将不是由任何已知的标准模型粒子组成的。为了给这种物质起个名字，人们称它为"暗物质"。无论暗物质究竟是不是解决困境的方法，这个困境本身就是一个支持我们继续探索下去的很好的理由。

另一个和引力相关的未解之谜，是人们目前称为"暗能量"的东西。人们从对红移现象和超新星亮度的测量中发现，从最初的大爆炸开始，宇宙似乎不只是在扩张，而且还在不断增加扩张的速率。如果宇宙中影响扩张的只有恒星和星系之间的引力，那么宇宙的扩张会逐渐减慢。所以，要想解释扩张的加速，我们必须引入一个新的概念。我们不知道这个新的概念具体是什么，由什么组成，因为我们的无知，我们称它为"暗能量"。其中，"暗"极大可能来源于和暗物质[①]的类比。而我们之所以称它为"能量"，是因为它在整个宇宙中是保持大小不变的，具有某种形式的有效能量密度，而不像光子等物质那样会随着空间的扩张而逐渐分散或稀释。事实上，标准模型中的量子循环预测了这样一种真空能量的存在。不幸的是，它得到的答案是大错特错的，差了有 10^{120} 倍——1 后面跟着 120 个 0。这个数字极大，大到我完全没有想过用数字单位去读出它，也大到让人们——即使是某些宇宙起源学者——没办法忽视它的存在。再一次，我们将寻求答案的目光投向了东边未知的领域。

[①] 如美国物理学家丽莎·兰道尔所说，命名暗物质的一个更好的名字可能是"透明物质"。确实，因为暗物质是隐形的，不是不透光的。

在我们用餐的过程中，是否继续向东探索的讨论还在继续，我们逐一罗列了值得继续探险的理由。在甜点被端上来的时候，另一个支持继续探险的理由也被摆在了台面上：物质和反物质又是怎么一回事呢？

在我们探索夸克岛时，我们发现了物质和反物质的数量是极其不对称的。这意味着，一个由物质组成的世界和一个由反物质组成的世界确实是存在差异的。尽管如此，我们所知道的物质和反物质之间不对称的地方实在是太微不足道了，我们难以解释宇宙中物质和反物质之间那绝对的不平衡。在我们周围的世界中，物质很常见，但反物质却极其稀少。深入轻子岛中微子地区的探险行动可能给我们提供了一条线索，它能在标准模型的理论框架中解释物质–反物质不对称的原因。但是，除非这条线索背后还有一些新结论等待我们去发现，不然在标准模型的范畴之外，这个线索仍然和巨大的不对称难以相提并论。那么，我们想要在标准模型范畴之外发现什么呢？举个例子，在对中微子的研究中，我们可能最终会发现，中微子就是它们自己的反粒子。这个可能性我们已经在那次探险行动中讨论过了。如果我们能够成功确定中微子就是它们自己的反粒子，我们就可能在地图的远东地区发现特大质量的中微子。

最后，在喝咖啡时，我们提出了支持继续探索的最笼统、最理论化的一个观点。这一点其实很明显。从我们迄今为止的探索行动来看，虽然和标准模型之前的同类理论相比，它非常优雅而简洁，但仍然包含了许多"虽然没有任何明确原因，但似乎包含了更深层的含义"的参数。

例如，从西边的中微子到东边的顶夸克（更别提无质量的光子、胶子和可能存在的重子了），粒子的质量分布横跨了巨大的范围。它们质量的分布是随机的，还是存在某种规律？它们的质量之间似乎存在蕴含着更深含义的关系。比如，所有玻色子（希格斯、W玻色子、Z玻色子）质量的平方的总和与所有费米子（夸克和轻子）质量平方的总和大致相等。这真的只是一个巧合吗？它有没有可能是一条线索？

希格斯玻色子的质量尤其令人费解。我们知道，所有粒子都会获得来自量子循环对其自身质量无限大的影响。这些无限大的项能够被消除。依靠作用力背后的对称性，人们能够通过在方程式中用测量出来的质量替代无限大这个运算技巧来规避无限大。但是，在计算希格斯玻色子的质量时，因为自旋为零，所以它的循环修正项是极其庞大的。虽然你仍然能够规避掉无限大，但是如果你想要让希格斯玻色子的质量不仅在电弱尺度附近（它的自然栖息地），而且在东边另一个级别的能量尺度附近（例如，普朗克尺度）都处于一个合理的范围之内，你就需要为抵消修正项进行几乎无休止的"精准调试"。这就好像希格斯粒子在质量达到数量级的刀刃上保持平衡，无论向哪边滑动都会使标准模型变得毫无意义。另一个受欢迎的类比是，一个含有信用和借记功能（量子修正项）的银行账户每月的某天都会随机地流进或流出几十亿英镑。但是，在每月的最后一天，这个账户都会如同魔法一般恰巧只有125英镑。如果流进流出的款项都是随机的，那么这个巧合未免也太大了。对于这个例子来说，一定有一个会计在注意着这个账户的情况。对于物理学来说，标准模型的背后很可能蕴含着一个更大的理论。

就连物质所具有的"代"的数量看上去也十分可疑。即使世界上只存在第一代物质，它们似乎也能够完美地组成所有的化学元素。如我们之前所见，三代是能够产生物质和反物质差别的最少代。因此，"三"似乎是个很重要的数字。但或许我们还没有往东走得足够远。或许，物质有四代、五代，甚至无限代也说不定。

让服务生松了一口气的是，此时我们结了账并且离开了餐馆。但是讨论还没有结束。我们边说边沿着海边散步，慢慢地走回了我们的酒店。

33

线索和限制

之前，在我们离开餐馆时，有人提出了存在更多物质世代的可能性。这在我们之间引起了激烈的讨论。虽然我们在讨论极东之地时无法排除任何可能性，而且未踏足过那里，但我们并非一无所知。我们确实知道，任何可能存在的其他世代物质都和前三代截然不同。更具体地说，我们可以确定，额外的世代物质不会像前三代一样具有小质量中微子。

我们之所以可以如此确定，是因为我们仔细探索了玻色子国，尤其对 Z 玻色子进行了深入的研究。在欧洲核子研究组织的大型强子对撞机和加州的斯坦福线性对撞机中，人们通过使电子–正电子对撞来产生 Z 玻色子。

那里的实验通过电子–正电子的湮灭过程来制造 Z 玻色子。而产生的 Z 玻色子会快速衰变成低质量粒子，所以我们无法直接探测到它们。Z 玻色子就是那种无须具有固定正确质量的虚拟粒子。但是，真实的 Z 玻色子也是存在的，它的质量为 91GeV。如果你把对撞的两道粒子束的能量都调高至 45.5GeV，质心能量将刚好足够产生真实的 Z 玻色子。产生 Z 玻色子的那些实验就是这么做的。并且，当对撞能量为这个数值时，电子 – 正电子湮灭现象的产生概率将达到一个巨大的峰值，仅仅因为 Z 玻色子的存在。

同时，Z 玻色子也可以是虚拟的，此时它无须刚好具有正确的质量。如果你逐渐将电子束的能量调离最佳反应值，湮灭概率将较为缓慢地降低，但它不会立刻降到零。虚拟的 Z 玻色子仍然能够被交换。概率在顶峰两侧降低的速率定义了 Z 玻色子的"衰变宽度"。

你可以将衰变宽度理解为质量或能量的不确定性。根据海森堡不确定性原理，我们无法同时准确地确定一个粒子的位置和动量。当我们能更加精确地掌握一个粒子的动量时，我们就更加无法确定它的位置，反之亦然。相同的不确定性原理也适用于时间和能量。能量的不确定性和时间的不确定性是相关联的。如果时间的不确定性很小，即时间范围很短，那么能量的不确定性就很大；而如果能量能被确切地得知，那么对应情况下时间就很长。对于 Z 玻色子来说，这个原理意味着，如果它的寿命很短，衰变宽度就会很长。（对于稳定的粒子来说，它们的寿命是无限长的，而衰变宽度是零——它们具有确切的质量。）

那么，不确定性原理是怎么告诉我们物质世代数量的呢？不确定性确实能够提供相关的信息，因为 Z 玻色子衰变的速率取决于它能够衰变成多少种粒子。有时，Z 玻色子会衰变成无法被欧洲核子研究组织和斯坦福的探测器捕捉到的中微子。衰变产生的中微子种类数量会影响 Z 玻色子的寿命长度，由于不确定性原理，也同时会影响 Z 玻色子的衰变宽度。衰变能够产生的中微子种类越多，Z 玻色子的寿命就越短，衰变宽度也就更大。而且，衰变宽度是能够通过一些可见的粒子——电子、μ 介子或夸克——来进行测量的。

从对 Z 玻色子衰变宽度的测量中，我们知道，有且只有三种中微子，所以物质只有三代。当然，得出这个结论的前提是，所有的中微子都以相同的方式和 Z 玻色子产生反应。更多世代的奇怪中微子是有可能存在的，毕竟在极东之地，任何事情都有可能发生。但是，即使有其他的物质世代存在，它们也不会是我们所知道的三种中微子的复制版，将会存在本质上的不同。

更加明显的是，标准模型中存在着许多缺少解释的特征。例如，从理论上来说，强相互作用要想违反物质－反物质的对称性将会是非常简单的，但它却没有。这是为什么呢？是不是有一些我们不知道的东西在逼迫强相互作用力维持这个对称性呢？

我们不由得如此联想，这些缺少解释的特征和参数都是被某些迄今为止还未被发现的对称性或者原理限定住了，而这些对称性和原理将被包含在一个更大的理论中。标准模型只是这个更大的理论的一部分。我们的整张地图只是一个大得多的世界的西边的小小一块。

但是现在，我们有点累了。几星期的日夜兼程使我们有些疲乏，但一顿美味的晚餐和一次激烈的讨论让我们又一次感到身心舒畅。虽然我们提出了好几个去东边可能做出的或重要或有趣的发现，但究竟要去哪里、首先寻找什么，甚至是如何到达那里，我们都无法统一意见。我们决定在这个相当宜人的海滨城市稍稍等候一会儿，在我们计划新的探险行动之前先等待一下其他冒险者的汇报。我们将常去码头附近的酒吧、酒馆，听那里的人讲述各种故事。与此同时，我们队伍中的测绘师将惬意地想象版图之外的世界。这本指南书的最后的探险活动将是一次想象力的冒险。在现有的地图之外，可能存在什么怪物？如果有任何可能引领我们到达未知世界的原理或理论，那么，它会是什么？

34

假如暗物质真的存在

——————

充满想象力的理论物理学家们是为物理世界绘制地图的测绘师，他们是用巨龙来填充理论中的缝隙、根据各种蛛丝马迹捕风捉影、在港口唾沫横飞地讲述各种故事的吟游诗人。由于标准模型留给了我们太多可以仔细咀嚼的开放性问题，在人们的想象中，东边的海洋中充满可信度不一的神奇生物也就不足为奇了。在这次的"探险行动"中，我们将全程坐在海岸边的小酒馆里，听听理论物理学家们有什么想说的，希望他们能为我们将来的旅行计划提供一些指导。

最棒的小酒馆紧挨着玻色子国的东海岸码头。窗户附近有各种属性的望远镜，暗色的橡木吧台后面有许多酒水饮料。理论家们懒散地或斜靠或仰躺在沙发和长椅上，一边互相聊天，一边互相对比着彼此的故事。有时候，一个水手，或者至少是一个自称在东边的海面上航行过的人会蹒跚地走进酒馆。他（她）进门之后，瞬间被所有人包围，所有人都想请他（她）喝一杯，然后他（她）会兴奋地开始讲述在地平线之外的世界的所见所闻。

在这里，许多的故事和美梦，还有（深夜时的）歌谣都和我们晚餐时讨论的引力的话题有关，要么人们目前对于引力的理解是错误的，要么大部分的物质在宇宙中是以某种未知的暗物质形式存在着——或许是某种标准模型之外的粒子。

对于这两种可能性，人们都进行了探索，但是目前人们更倾向于第二种——暗物质。我们非常希望在往东边的旅程中能够碰到暗物质。我们有好几种可能达成这个目标的方法。

大型强子对撞机（LHC）有可能会成功产生暗物质并且（间接地）观测到它。对于暗物质，任何观测都必须是间接的，因为暗物质的特性就是它不会和质子对撞反应点周围的探测器产生反应。因为探测器包裹住了对撞反应点，所以假如有某种具有能量但是隐形的东西在这个过程中被制造出来了，那么探测器将会捕捉到反应前后动量的不守恒。就像远在西边的时候，β 衰变中丢失的动量使泡利推测出了中微子的存在一样，动量的缺失将会向我们泄露暗物质存在的踪迹。当然，LHC 中的反应也会产生中微子，并且像暗物质一样，它们的存在也会导致动量的消失。但是，在标准模型的帮助下，我们是能够预测产生中微子的对撞反应究竟会发生多少次，并且具体反应看上去是什么样子的。任何在我们预测之外的不寻常现象都可能是产生了暗物质的表现。

有关暗物质，我们知道的一件事是，假如它存在，它也会受到引力的影响。所以，暗物质很可能聚集在超大质量附近，如星系中央的黑洞，甚至是恒星的中心。在这些暗物质密度相对较高的区域，可能两个暗物质粒子会相遇，然后，取决于组成它们的具体是什么种类的暗物质，湮灭并且产生极高能量的光子、中微子或其他的标准模型粒子。有许多望远镜正在积极地寻找着暗物质湮灭反应产物的踪迹。其中，有一些望远镜在人造卫星上，因为在那里，地球的大气层不会干扰探测结果。我们甚至将南极洲的冰盖当成了一个中微子探测器。当一个极其高能的中微子和水分子撞击时，它会转变成一个 μ 介子或电子并且辐射可见光、微波或其他波长的电磁波。我们希望能够捕捉到这些罕见的反应。

许多寻找直接和探测器产生反应的暗物质的高灵敏度探测设备也被建在地下，以远离宇宙射线的影响。我们知道，每时每刻都有数十亿的不可见粒子从我们身体中穿过——我们沐浴在来自太阳的中微子以及从大爆炸中残留下来的低能量光子中。这两种粒子都在我们对物理和宇宙的理解中起到了非常重要的作用，并且两者的各种属性都被专门的探测器测量过了。如果暗物质确实存在，在暗物质通过地球的时候，或者在地球通过以银河系为中心的暗物质粒子云的时候，它可能也会通过弱力和普通物质产生反应。

　　假如暗物质真的存在，那么最普通的暗物质粒子就是大质量弱相互作用粒子（WIMP）。这也是最有可能在LHC中被观测到的暗物质的种类。WIMP之所以比中微子更难探测到，一方面是因为它们运动的速度更慢，另一方面是因为我们其实并不知道它们究竟是什么。和中微子不同，标准模型并没有告诉我们WIMP产生相互反应的概率。因此，试图探测WIMP的实验都在尽最大的努力扫描一个未知的参数空间。这个参数空间通常是以WIMP的质量，以及它和一个原子核产生反应的概率规定的。

　　迄今为止，扫描这个参数空间灵敏度最高的实验设施的名字叫作LUX（大型地下氙探测器）。[1] 设计建造LUX的目的是用它来同时探测光子和电子，因为当暗物质粒子擦过氙原子的原子核时会同时产生这两种粒子。LUX没有探测到任何暗物质留下的痕迹，这有些令人失

---

① 和你所想的一样，大型地下氙探测器非常大，在地底下（南达科他州的桑福德地下研究设施），并且几乎全部由氙组成。

望。但是，人们正在建造灵敏度更高的实验设施，探索的旅程还在继续，并且负面结果或无效结果也并非没有价值：它们正在填充地图上的空白区域。虽然目前这些被发现用来填充地图的都只是毫无特征的汪洋大海，但是至少我们知道，它们的所在地没有龙。

值得重视的一点是，像这样的无效结果要想让它具有一定的意义，需要依靠一个强大的理论框架。如果没有任何理论产生的假设以待检测，那么有时一个无效结果真的无法告诉我们任何信息，很有可能你只是做了一个极其无聊的实验而已。因为你相信了一个胡说八道的醉醺醺的水手的故事，所以你离开了小酒馆，乘船出海，然后确定了他之前所说的都是一派胡言。这确实很令人懊恼，尤其是你在这次旅程上花费了许多时间和金钱的话。

但如果我们有强大的理论框架——一个可信的说书人，那么即使是一个无效结果，也可以起到很重要的作用。例如，在大型强子对撞机对希格斯玻色子的搜索行动中，无论成功还是失败都意义重大。如果希格斯玻色子一直没有被找到，那么标准模型——一个存活了好几十年，并且做出了许多精准预测的强大理论体系——将有可能被推翻。所以，无效的结果事实上会非常有趣。

35

一个诱人的传说

在水手之间有一个广为流传，至少直到最近都是在被广泛相信的故事，从喧闹的海滨潜水场到优雅的私人轮船客厅，你都能听到它被人们所谈论。这个"故事"就是超对称理论——一个诱人的传说。它给容易激动的旅行者提供了许多的可能性，暗物质就是其中之一。

超对称理论建立在贯穿我们整个旅途的、起到极大作用的物理对称性原理之上。超对称理论旨在为携带基本力的玻色子和组成物质的费米子之间引入另一种对称性。每一个自旋为 1 的玻色子都有一个自旋为 1/2 的"超对称伙伴"——光子有光微子，胶子有胶微子，Z

玻色子有 Z 微子，以及 W 玻色子——有些倒霉[1]——有
W 微子。[2] 费米子具有自旋为零的超对称伙伴——超电
子、超 μ 介子、超夸克等。

超对称不可能是完全的、确切的对称。因为我们知
道（举个例子），如果超电子存在，那么它的质量和电
子是不一样的。事实上，几乎所有的新粒子都只可能存
在于极东之地——它们的质量非常高，以至于我们还未
能发现它们。假如有任何较低质量的新粒子存在，那么
它们一定被隐藏在我们地图上的深山老林里。也就是说，
至少超对称一定被稍稍打破了，或被隐藏了。但是我们
知道，即使是隐藏的对称性也是非常重要的。

超对称理论的一个优势是，它将解决希格斯玻色子
质量的无限微调问题。还记得那个虽然有大额进出款项
但是永远最终只有 125 英镑的神秘银行账户吗？在希格
斯质量的量子修正过程中，每一个费米子就是一项借款，
而每一个玻色子就是一项存款。因此，如果存在相同数
量其他参数也都相同的玻色子和费米子，那么它们一定
会相互抵消，账户上的余额将会变成零。超对称的存在

----

① W 微子英文是 wino，有酒鬼的意思，所以原文会说 rather
unfortunate，有些倒霉。——译者注

② 希格斯玻色子永远都是特殊的。它必须至少还有额外的四种希格斯
玻色子，以及超对称伙伴。

扮演了一个隐藏的会计师的角色。虽然超对称必须被隐藏，但是如果新超对称粒子的质量在东边不远的地方，那么玻色子和费米子的相互抵消将足够解决希格斯量子修正的问题。

超对称其实并不是一个单独的理论，它是一种对称性，人们能够借助它来构建许多不同的理论。因此，我们在码头边的许多传言中都能听到它的存在。在许多流传的理论中，超对称粒子都携带着一个叫作 R 宇称的守恒量。R 宇称守恒的结果就是，超对称粒子只能衰变成其他的超对称粒子。这进一步意味着，质量最低的超对称粒子（你猜对了，它就叫超粒子）必须是稳定粒子。也就是说，在大爆炸之后应该有许多超粒子被保留下来。因此，超粒子有可能就是暗物质的大质量弱相互作用粒子（WIMP）。

可惜的是，截至笔者写作这本书的时候，人们还没有发现任何超粒子的存在。在开始的几年里，超对称理论学家们一直认为，只要我们往东边再航行得更远一点，超粒子就会出现。在大型强子对撞机（LHC）为我们开拓了地图上一块非常大的区域之后，人们对于发现超粒子其实是充满希望的。但是到目前为止我们仍然一无所获。有可能我们确实只需要再往东走远一点。或者，我们需要听听其他的故事，寻找其他的答案。

36

进入另一个维度

听到我们的呼唤之后，另一位旅行者一边甩着她及肩金发上的浪花，一边摇晃着走进了酒馆。在要了一大杯杜松子酒之后，她开始为我们讲述另一个流传甚广的水手传说。这个传说虽然没有超对称理论流传的范围广，但是也被许多旅行者大声地讲述着，听上去十分可信。她讲的就是高维空间的故事。

高维空间理论的主旨就是，宇宙不仅仅是由我们所能看见的三个维度组成的，组成宇宙的更高维度只在能量极高的时候才会显现出来。高维度是一个相当奇怪的概念，因为虽然它们能非常简单地被数学语言描述，但是我们几乎无法想象它们是什么样的存在。在许多物理运算中，我们都是在计算一个三维空间内的物理量。这三个维度实质上就是长度、宽度和深度。例如，动量含有三个组成部分，物理学家们通常会将这三个部分标注为 x、y 和 z，或 1、2 和 3，每个组成部分将分别告诉我们该物体在相对应的维度方向上运动的速度和状态。在有些情况下，我们会将时间视作第四个维度，将计算拓展至四维空间内。在纯数学层面上，继续向五、六甚至更高维度扩展是毫无阻碍的——我们只要继续增加维度就可以了。毕竟从数学的角度来说，假如只有三维或者四维的数学运算能够成立，那就太奇怪了。三维或者四维的数学并不比其他维度的数学更特殊。

当然，数学中的符号都是抽象的概念，它们不会在意物理现实究竟是怎样的。但是当数学具有了物理意义时，物理学是无法忽视物理现实的。那么从物理的角度来说，自然世界中的高维空间意味着什么呢？要想回答这个问题，我们只能通过先降维再类比的方法来试图理解高维的物理含义。

例如，请想象我们整个的三维宇宙是被嵌套在某个更大的高维空间内的。要想具象化这个概念，我们首先必须从三维宇宙下降一到两个维度，成为某种嵌套在一个"大"三维空间内的平面、薄膜——或者简称"膜"。码头附近的水手们达成了一个共识，那就是引力的影响能够延伸至所有维度，而标准模型力是被局限在一片低维"膜"上的。因此，三维空间内的引力是被稀释了的，这就是为什么和其他的基本力相比，引力的强度非常微弱。

一些高维空间的假说认为，更高的维度在低维宇宙中蜷缩了起来，变得非常小。旅行者们建议我们想象由一根振动中的弹簧产生的波。从波的角度来看，弹簧是一维的，因为弹簧的直径和波的波长相比微乎其微。但是，当波的能量变得越来越高时，它们的波长会变得越来越短。在某个时刻，波长会变得和弹簧的相当。那时，波将能够绕着弹簧而不仅仅是沿着弹簧运动的方向前进——一个崭新的维度被开启了。在大部分的水手传说中，要想到达开启新维度的能量高度，我们需要到达最远的极东之地，而即使是最快的船也永远不可能到达那里。此时，一些更加勇敢的水手加入了讨论，他们非常确定地对我们说，类似的升维现象是很有可能发生在高能粒子对撞机中的，而这个地方将离我们近得多。

在发现希格斯玻色子之前，人们曾经提出更高空间——时间维度的假说来试图摆脱对"希格斯玻色子必须存在"的依赖。所有在标准模型中出现的 W 和 Z 玻色子质量的问题，以及希格斯玻色子必须在大型强子对撞机能量等级出现却还未被发现的问题，都会被归咎于高维空间的存在。因为当我们引入更高维度时，物理属性将会发生改变。因此，我们也就不需要之前提到的所有有关电弱对称破缺的内容，也不需要希格斯玻色子了。

高维空间可能会改变物理属性的一个方面体现在"黑洞"的产生上。如果我们继续往东走，能量会变得更高，距离会变得更短。也就是说，越往东走，越来越多的能量将会被集中在越来越小的空间内。粒子对撞机——让我们能够前往极东之地的伟大机器——的主要职能就是集中能量。虽然，LHC 内的一个质子所含的能量和一个乒乓球相比仍然是相当小的。如果我们将 LHC 内一个质子的所有动能都转移到一个乒乓球内，那么乒乓球大约会以每 10 秒 1 毫米的速度移动。但是，仔细一想，一个乒乓球内大约有 10^{23} 个质子。所以，LHC 内的质子实际上拥有非常惊人的能量。

如果足够多的能量聚集在一点，那么在这一点附近的引力场将会变得非常强，最终引力的强度将会超过标准模型力的强度。最终，这个引力场将会强大到连光也无法从它的手掌中逃脱。此时，一个黑洞就形成了——当质量和能量的密度足够高时，它们将会扭曲空间和时间，使任何物质都无法逃离。在三维宇宙中，形成一个黑洞所需的能量集中程度远远超出了 LHC 所能提供的程度。但是在一个高维宇宙中，这是有可能的。[①] 因为现在我们知道了，希格斯玻色子确实是存在的，所以人们研究高维宇宙模型的动力多少有些减退。但是仍然有许多老水手还在坚持讲述这个故事，并且我们也无法完全排除这种可能性。现在我们打算放下高维宇宙的话题，开始听另一组聚在壁炉旁桌子附近的旅行者讲述另一个故事。

---

① 顺带一提，通过这种方式形成的黑洞是不可能摧毁地球的。不然，地球早就被世界各地无时无刻不在产生的黑洞摧毁了。因为，在我们的周围到处都是密集的高能宇宙射线和物质发生的对撞事件。

37

静止的橄榄

这些怪人正在讲述的故事虽然发生在遥远的东边，但仍处在标准模型理论的范围内。在希格斯玻色子被发现之后，标准模型便能够对 TeV 能级——即能量在 10^{12} eV 量级以上的物理现象做出预测。这个量级已经大大超出了电弱对称破缺的量级。因此，在这个本质上全新的区域对物理现象进行预测将会遇到新的挑战。

随着对撞能量的提高，产生高动量轻子和光子等粒子的概率也提高了。当能量提高至远超电弱界限的量级时，质量处于该量级附近的高能粒子将会在对撞实验中大量产生。同一次对撞事件可能会产生多个顶夸克以及 W 玻色子、Z 或希格斯玻色子，这在至今的实验中是前所未有的。要想以一定精度描述这样的对撞现象，我们需要引入全新的计算技巧。

一旦必要的理论部分准备就绪（人们正在对它们进行构建和完善），我们就可以通过精密的实验和精细的测量来检验我们的理论了。只要大型强子对撞机不停地产生新的数据，它的实验数量、范围和精度就会不断提升。

同时，标准模型自身也可能内藏了一些神奇的生物，一种被称为 Sphaleron 的粒子就是其中之一。

Sphaleron 是标准模型内部的一个奇特的预测结果，而不是某种标准模型之外的概念。因为现在我们知道希格斯玻色子是存在的，所以 Sphaleron 也应该是存在的。我们甚至粗略地知道它们在地图上所在的经度——大约在 10^{12} eV 附近。这个能量比大型强子对撞机的对撞实验中所能达到的能量要高，因为虽然质子 – 质子的碰撞能量高于这个值，但它们的碰撞能量是要分摊到许多夸克和胶子之间的，因此并非所有的碰撞能量都能用于产生新的粒子。（别忘了，对撞机的主要职能就是集中能量。）在这个前提下，产生 Sphaleron 所需的能量并没有高得离谱。

要想理解 Sphaleron 是什么，请先回忆一下我们是如何对量子粒子进行描述的。我们使用了所谓的"微扰理论"，即先采用某些大致正确的表达式，再通过添加微小的修正项来逐步提升原表达式的精确度的方法。在想象一个、两个或更多光子在粒子之间被交换的过程中，我们首次遇到了微扰理论。但是，微扰理论有它的局限性。下面我们来试试以下操作：首先，从吧台后面拿一只圆形底座的汤碗，将一粒橄榄放在碗底。[①] 然后，请想象这粒躺在碗底的橄榄就是一个空无一物且能量为零的宇宙。

要想为这个宇宙添加一点点能量，我们只需将汤碗轻轻地左右摇晃，使橄榄沿着碗壁的侧面向上滚动一点点。如果这个能量很小，那么接下来橄榄将会再次沿着碗壁滚下来，再滚上去，持续像这样进行运动。在碗底运动的橄榄就相当于微扰理论中当量子扩散时欢脱地搅动时空的粒子，而只要像这样对"静止的橄榄"施加一点点能量，我们就会造成对该系统的微扰，并且能够借助微扰理论来计算能量对该系统产生的效应。

但是如果你添加的能量过多，橄榄会跃过碗的上沿，蹦入我们此前为了避免产生和橄榄有关的混乱而放置在旁边的另一只碗中。从某种意义上说，橄榄跃过碗沿从一只碗蹦至另一只碗中的现象就被称作 Sphaleron。Sphaleron 也被用来指代微扰理论崩溃失效的那一刻。

Sphaleron 应该存在于早期宇宙中，因为那时的能量

---

① 这个酒馆正在尝试转型成为一个既有美酒又有佳肴的美食酒吧，所以吧台上摆放着一个装满巨大绿色橄榄的罐头，旁边还有一瓶香醋和一个盛有面包的篮子。尽管如此，酒吧的常客们都无视这一切，他们只对饮料和故事感兴趣。所以，我们可以用它们来帮助我们解释 Sphaleron 粒子，没有人会介意的。

密度非常高。并且，Sphaleron 粒子或现象似乎在我们所知的物质的产生过程中起到了至关重要的作用。

微扰理论中存在许多不变的物理量，即守恒量。其中之一就是，在我们的"碗中橄榄"宇宙中橄榄的平均位置。橄榄在碗的一侧停留的时间与在另一侧停留的一样多；平均位置正是碗底。但如果橄榄通过 Sphaleron 过程进入了另一个碗中，它的平均位置就已移动——移到了另一个碗的中心。守恒定律被打破了。早期宇宙中的 Sphaleron 也打破了守恒定律，被它们打破的守恒量之一就是粒子的数量。Sphaleron 能向宇宙中添加更多的夸克和轻子。这个过程很重要，因为它能够部分解释那些组成我们的物质最初究竟是怎么出现的。

在码头前那块相对来说缺乏权威观点的潜水区附近，有时人们还会谈论到其他的奇特粒子。它们大部分都位于标准模型理论的范围之外。有一些虽然在标准模型之内，但是至今都未被成功观测到。虽然这些理论十分诱人，但我们最好保持头脑冷静，因为没有任何直接的实验证据证明人们在码头边的酒馆内阐述的奇异理论是正确的。它们都只是故事而已，是美梦，也可能是噩梦。但是，这并不意味着这些故事是完全疯狂或没有价值的。

超对称之类的理论可以将诸如在南极测量的中微子的速率、大型强子对撞机的实验结果与银河系旋转的观测结果等彼此无关的观测现象联系起来，这表明这些理论作为探索的辅助手段是有用的。能够在一张图表上呈现这些来源如此不同的实验数据，在相同的语境下讨论它们，并根据共同的尺度进行测量，对于衡量这些数据对未知物的相对敏感性，以及寻找不自洽之处[①]——是非常重要的。

在没有观测数据的情况下，我们想要从在码头边沙龙酒馆里听到的故事中区分出，哪些是聪慧的探险家的合理猜想，哪些是幻想家的妄想，是件很困难的事。如果你正要决定应该花费多少时间和金钱去追寻故事背后的真相，那么辨别故事的可靠性是很重要的。在最后几个地图边境的传说中，我们将回归引力的概念，并介绍一种对这些故事进行甄别的方式。

---

① 或者从发现的角度来说，是寻找自洽之处。

38

第五种力

靠在台球桌旁的一根柱子上的一位顽固的梦想家提醒我们，可能我们所认为的基本力并不基本。标准模型的夸克、轻子和玻色子可能包含更小的成分，就像元素周期表里的原子最终被证明是由其他东西构成的一样。在这些新的小的组成部分的相互作用中，我们可能会找到解决标准模型中那些重要问题的答案。同样，这个想法的部分动机是为了避免需要希格斯玻色子。然而，仍有一些理论认为，希格斯玻色子也是一个由更小的粒子组成的复合粒子。

这样的情境将涉及新的基本力，并且可能意味着我们目前认为的基本力并不是最基本的，而是从一些在远东地区的能量更高、距离更小的理论中涌现出来的。

虽然，也有一些理论试图保持现有的基本力，但我们会再添加一种新的基本力，或将一种现有的力改变一些。由于引力能牵动许多物理问题，首先能想到的是暗物质、暗能量和量子引力的缺失。我们认为广义相对论需要以某种方式被修正，这个要求非常合理的。这是许多物理学家都曾有过的想法。但是，因为广义相对论的构建方法极其精密，应用范围也极其广泛，所以不要说用新理论替代它，即使成功地对它稍作调整都是极其困难的。

尽管如此，物理学家仍然坚持不懈，持续地提出新的想法。一种可能对广义相对论进行的调整是假设一种在电磁、弱和强相互作用，以及引力之外传递"第五种力"的新粒子。也许，极东之地除了有我们的公路、铁路和飞机之外，还有不同于引力的其他某种交通工具？

要想解释暗能量的存在，这个第五种力必须影响所有的物质——就像引力那样，并且还能够作用于极大的距离范围。人们已经寻找过这样的力了。例如，如果它们会影响太阳系中行星的运动，就必须比引力微弱许多，否则我们应该已经发现它们了。但是，如果这种力比恒星和星系之间的引力微弱许多，它们对暗能量或暗物质问题便不会有任何影响，所以提出这样的假设纯属浪费时间。

一种可能绕过这个难题的方法是所谓的"屏蔽"过

程，即一种力的强度是依赖于它所处的环境的。这样的力甚至有可能被物质本身屏蔽。因此，我们可以建构这样的理论：在宇宙的物质密集区域（例如地球），这种力会被隐藏；但是在空旷的空间中，这种力能够起到作用。

对暗能量问题，即一些这样的理论旨在解决的问题之一来说，这种方式可以准确地提供数据所需要的解释。这种力可以使宇宙在很远的距离上加速，同时对行星的轨道又没有可测量的影响。这种新力还有额外的好处，它会对星系旋转的方式产生重大影响，这可能部分地解释了暗物质问题。

这种新力起作用的方式，使人回想起布劳特、恩格勒和希格斯的理论为基本粒子赋予质量的方式。它涉及一个标量玻色子——一个像希格斯玻色子一样没有自旋的粒子，同时它涉及对称性破缺的概念。如果你对这个概念不熟悉，你可以想象一幅点彩画派的绘画，在这类绘画中，画面图像甚至是其中的颜色混合——都由许多小点组成。

当在密集的空间区域计算第五种力的平均影响时，对称性会将第五种力隐藏起来。这就好像当你从一米左右的距离看点彩画时，它的小点会被隐藏在绘画的颜色和风景中。

但当你靠近这幅画时，小点是清晰可见的。同样，对于原子大小，甚至更小的粒子来说，第五种力的影响不会被其他位置的情形所均衡，因此第五种力可能会出现。

同样的，当计算影响的距离极长时，因为总体上非常空旷，所以密度很低，第五种力会再次出现。这就好像当你从很远的地方看那幅画时，它又会变成一个点。

作为一个疯狂的故事，至少第五种力似乎在一系列范围广到令人惊喜的实验中可以被测试。即将建成的观测设备将在天体物理量级上对引力和暗能量进行研究。精确的原子物理实验能够测量第五种力对原子的影响，并且大型强子对撞机还可能产生或排除这些奇怪的、所谓的"变色龙"粒子的一些变种。

如超对称或粒子物理标准模型提供的理论框架扮演了拼图盒子上那幅图片的角色，[1] 在你端详一块拼图时，盒子上的图片会让你了解这块拼图的可能嵌入位置，以及它与其他拼图之间的联系。试图在不看盒子上图片的情况下进行拼图游戏，比看着整幅图进行要困难许多。

当然，在发现一块拼图可能适合的位置时，你仍然必须试试看它是否真的能嵌进去。尤其在拼科学研究的拼图时，我们还必须记住，我们的图片基本上肯定是不

---

① 如果你想知道，是的，这是一家大厅架子上有拼图、西洋十五子棋和缺少了 Q、X 以及三元音的拼字游戏的那种酒吧。

完整的（例如，完美符合大量实验数据的标准模型），而且还可能是完全错误的（例如，目前还未获得数据的超对称或高维空间理论）。但在某种程度上，任何图片都比一无所有要好，再说我们也没有太多选择。到了某个时候，拼起的碎片可能足以让我们意识到它是错误的，我们便会将其扔掉并尝试新的图片。对旧理论的舍弃也是一种"范式转移"，如果我们都将作为圣诞礼物购买的拼图退回的话，拼图生产厂商可能会破产。

由好的理论或理论集合提供的框架使重点聚集在框架内的研究上，从而使新理论更难以被接受。一个特立独行的新理论——而周围有很多这样的理论——要么必须可以嵌入现有的图片，要么完全取代它。在后一种情况下，它必须容纳并安排好所有已经紧密互锁的拼图。

因为这不是一个类似蜥蜴人或光明会（甚至是极端保守派）的阴谋论能够做到的，所以，像"爱因斯坦错了"之类具有冲击性的言论是不太可能被人们严肃对待的，除非我们已经获得了大量的支撑证据，以及我们能够解释为什么之前那么多事实和数据都证明了爱因斯坦基本上是正确的。通常，这类惊人之语不仅假设东边存在怪物，还很可能与我们在已详细探索过的土地上获得的已知信息相矛盾。

上述研究思想通过强调整体理论的重要性和各部分

理论之间的相互依赖性，着重体现了科学的整体性。伟大的理论物理学家菲利普·沃伦·安德森，在一篇名为《当科学家步入歧途》的文章中将科学的这种特征描述为"无缝网络"：

> 从物理学到分子生物学的一系列已被牢固建立起来的理论，使我们在大多数情况下都能够辨认出可疑的观测结果。已知的法则，如能量守恒、量子力学、相对论和遗传定律，都以唯一或几乎唯一的方式限定了对所有实验结果的解释，并且使错误很容易被察觉。从这个意义上说，大部分科学都"被高估了"。

虽然这样的科学绝不是万无一失的，但它已经是我们所能采用的最可靠的探索方法了。

39

另一种宇宙假说

酒馆里最后的打烊铃声已经响了。在我们离开之前，还有最后一个故事。它是一个边缘理论，虽然人们没有完全否定它，但是最有名望的探险者们大都认为它不是真的。

2016 年，欧洲核子研究组织的阿尔法实验公布了一项关于反氢元素电荷的测量结果。和人们的预测一样，测量结果以极高的精确度确认了反氢元素的电荷为零。阿尔法实验的整体研究目标是，首次对反物质所受的引力进行测量，并且确定反物质是否和物质所受的引力相同。反氢元素电荷的测量结果在整体研究目标中是非常重要的一步。

如果理论是"无缝网络"，那么反物质和物质所受的引力应该是完全相同的。但是，因为我们从来没有具体测量过反物质所受的引力，所以从实际观测的角度来说，我们其实并不知道答案。反物质甚至有可能和物质所受的引力完全相反，也就是说，物质和反物质在引力上会相互排斥——反物质所受的是反引力。

这种可能带给我们另一个疯狂的故事，即所谓的"狄拉克－米尔恩"宇宙假说。在这个宇宙中，物质和反物质在引力上会相互排斥。这个宇宙的拼图盒封面将会是一幅完全不同的画面，并且我们其实有些难以相信它能够解释所有我们已经观察到的现象。这些现象包括粒子对撞机中的实验结果，物质在星系中的分布情况，大爆炸残留的宇宙辐射，等等。而所有这些观测实验结果，使我们构建起了目前的描述物理定律和宇宙起源的版图——我们称之为"一致性"模型。这个模型描述了宇宙在大爆炸之后的演化过程，并且囊括了暗物质和暗能量的概念。

但是如我们所见，我们目前的版图仍然存在着巨大的空白区域。

而狄拉克－米尔恩模型声称能够填补所有的空白区域，并且在某些重要的宇宙特征上，例如宇宙中存在大量的轻元素，以及最主要的宇宙特征——宇宙微波背景辐射上，和人们已经获得的数据（以及一致性模型）相符。至于该模型能否被安置进目前已知的无缝网络中，然后深刻地改变它，可能取决于是否有足够数量的人认为该模型是正确的，并做出相应的计算且跟进计算预测的结果。又或者就像道格拉斯·亚当斯笔下的侦探德克说的那样：要在狄拉克－米尔恩模型中"进行探测并三角定位宇宙中所有事物之间相关性的矢量"，他们要花费多少时间啊！

这对于所有聚集在玻色子国东海岸上的人都是一样的，无论是坚持某个故事的老水手们，还是年轻的理想主义者们。有一件事是确定的，如果有人确实成功测量了作用于反物质上的反引力，或者成功发现了"变色龙"粒子、超粒子或存在于夸克内的任意新粒子，或者观测到了希格斯玻色子的奇怪表现，或者只是发现了某种和当前拼图盒封面不符的现象，那么他一定是坚守着那个故事并且进行了不断的实践尝试。

最后，当我们沿着码头散步回酒店的时候，我们看见了许多轮船正借着涨潮扬帆出海。船上的探险者们在东边的海域航行后，将会回城向大家汇报，让我们知道在西边获得的各种知识是否仍然能够在东边的迷雾中指明方向。我们拥有无形的地图——夸克和轻子是标准模型基本粒子，它们通过布劳特－恩格勒－希格斯发现的相互作用机制获得了质量，并且通过交换光子、胶子以及 W 和 Z 玻色子受到电磁力、强力以及弱力的影响，最终形成了结构更复杂的强子、原子以及我们周围五彩斑斓的世界。虽然许多线索都告诉我们，这些并不是全部真理，但是在我们可以到达的海域内有新的岛屿吗？我们地图上的大陆是完全被隔离的吗？空无一物的海面是否向东延伸至很远很远？又或者，有没有一座新的岛屿，甚至是一块新的大陆，恰巧位于我们的视线之外，等待着被发现？或许，有一艘在途中的轮船将会回答这些问题。

现在，我们或许应该休息了，睡个好觉，吸收学到的一切，为将来可能要学习的新知识做准备。虽然我们休息了，但是我们睡得很安稳。因为在我们睡觉的时候，新的轮船正在启航。只要我们中一直有足够的人对遥远的彼方感到好奇，想要知道地平线之外的世界是什么样的，探索的轮船就永远都不会停止航程。

延伸阅读

我希望这本书能够促使你想要进行更多的探险。如果是这样的话，我有几个建议：

如果你在大海面前仍双腿发颤，查德·奥泽尔的《如何教你的狗学量子物理》将为你提供更多有关波与粒子那类的信息。我在第三次探险中对量子电动力学（QED）的描述，仰仗于由该理论提出者之一理查德·费曼写作的一本有名的小书——《QED：光与物质的奇妙理论》。如果你想从理论提出者那里获取更多的第一手信息，这本书是非常值得一读的。

珍娜·莱文的《黑洞蓝调及其他外太空来的歌谣》引人入胜地记载了本书的《引力：一次遥远的绕行》章节中所提到的引力波的发现者以及他们的坚持。格雷姆·法米罗写作的保罗·狄拉克的传记《量子怪杰》，包含了在一个伟大的突破和一位鲜为人知的天才背后感人肺腑的深刻见解。阅读布莱恩·阔克斯和杰夫·福肖的《为什么 $E=mc^2$》，是开始掌握相对论背后更多精彩概念的好方式；同样由他们写作的《万物：宇宙游记》将告诉你，当你手边没有大型强子对撞机时，如何开始属于自己的探险。肖恩·卡罗尔的《寻找希格斯粒子》很好地记录了直到发现希格斯玻色子为止的粒子物理学的历史，加文·赫斯基的《粒子动物园》也一样。最后，丽莎·兰道尔的《暗物质与恐龙》将会让你真正感受到我们在码头边酒馆内听到的故事的风味。

致谢

关于粒子物理地图的想法，始于我在皇家学会的一次演讲，并在与汤姆·埃弗里和克里斯·沃梅尔的讨论中进一步展开。同时，感谢汤姆对于本书的耐心和建议，感谢克里斯对于我对地图提出的建议的耐心。和你们两位一起工作很愉快。

感谢戴安娜·班克斯和她的团队一如既往的有力支持。

作为伦敦大学学院的一分子，我非常荣幸。这是一所支持科研、教学以及类似写作这本书这样的活动，并且鼓励多元化的思想和行为的大学。我十分感谢我的大学同事们，以及广大的国际粒子物理学界的同仁们。

来自家人的爱和鼓励如同地壳、地幔和地核，支撑了我的整个世界。

译名对照表

─────────────

A

阿尔法粒子	alpha particles
艾米·诺特	Emmy Noether
暗能量	Dark Energy
暗物质	Dark Matter
奥卡姆剃刀原则	Occam's razor

B

保罗·狄拉克	Paul Dirac
标准模型	the Standard Model
表观速度	apparent speed
波的干涉	wave interference
波动方程	wave equation
波谱学	spectroscopy
玻色子	boson
玻色子国	Bosonia

C

粲夸克	Charm quark
测地线	geodesic
场	field
超对称理论	Supersymmetry theory

超对称粒子	supersymmetric particle
超级神冈探测器	Super-Kamiokande
赤道	equator
磁矩	magnetic moment
磁偶极子	Magnetic dipole

D

大型地下氙探测器	Large Underground Xenon
大型强子对撞机	Large Hadron Collider
大质量弱相互作用粒子	Weakly Interacting Massive Particle
丹尼尔·卢瑟福	Daniel Rutherford
德米特里·门捷列夫	Dmitri Mendeleev
等离子体	plasma
狄拉克方程	Dirac equation
底夸克	Bottom quark
第二热力学定律	second law of thermodynamics
电磁场	electromagnetic field
电磁感应	electromagnetic induction
电磁力	electromagnetic
电磁学	electromagnetism
电荷	electric charge
电荷共轭	charge conjugation
电荷守恒定律	law of conservation of electric charge
电中性	electrically neutral
电子	electronic
电子港	Port Electron
顶夸克	Top quark
氡	radon
动量	momentum
对称破缺	symmetry-breaking
对称性	symmetry
对撞机	collider

F

反粒子	antiparticles
反物质	Antimatter
反演	inversion

费米子	fermion
分子	molecular
弗朗索瓦·恩格勒	Francois Englert

G

高能粒子加速器	high-energy particle accelerator
高能物理	high-energy physics
戈德斯通玻色子	Goldstone bosons
戈德斯通定理	Goldstone Theorem
光谱	spectrum
光子	photon

H

广义相对论	general relativity
海森堡不确定性原理	Heisenberg's uncertainty principle
汉斯·盖格	Hans Geiger
黑洞	black hole
红移	red shift

J

基本粒子物理	elementary particle physics
结合能	binding energy
介子	meson
净力	net force
静电力	electrostatic force
矩阵	matrix

K

夸克	quark
夸克岛	isle of Quarks

L

蓝移	blue shift
力线	force line
粒子	particle
粒子物理学	Particle physics
量子	quantum
量子波	Quantum wave
量子场	Quantum field

量子电动力学	Quantum Electrodynamics
量子力学	Quantum mechanics
量子粒子	quantum particle
量子色动力学	Quantum chromodynamics
路径积分	path integral
罗伯特·布绕特	Robert Brout
罗伯特·米利肯	Robert Milikan
螺旋性	helicity
裸质量	bare mass

M

麦克斯韦	Maxwell
麦克斯韦方程组	Maxwell's equations
脉冲双星	binary pulsar
梅子布丁模型	plum pudding model

N

能量等级	energy level
能量守恒定律	Law of conservation of energy
能态	energy state
尼尔斯·玻尔	Niels Bohr
尼尔斯·亚伯拉罕·兰格	Nils Abraham Langer
诺特定理	Noether's theorem

O

欧内斯特·卢瑟福	Ernest Rutherford
欧洲核子研究组织	CERN

P

佩尔·提奥多·克勒夫	Per Teodor Cleve
普朗克	Planck
普朗克尺度	Planck scale

Q

奇夸克	Strange quark
强子	hadron
氢离子	hydrogen ion
轻子	Lepton

轻子岛	isle of Leptons
曲率	curvature
群论	group theory
弱力	weak force

S

萨德伯里中微子天文台	Sudbury Neutrino Observatory
散射	scattering
色荷	color charge
熵	entropy
上夸克	up quark
势能	potential energy
手征性	chirality

T

太阳中微子	solar neutrinos
陶子	tau
钍	thorium

W

瓦尔特·穆勒	Walther Muller
万有理论	theory of everything
微扰理论	Perturbation theory
薇拉·鲁宾	Vera rubin
维苏威火山	Vesuvius
沃尔夫冈·泡利	Wolfgang Pauli

X

希格斯玻色子	Higgs boson
希格斯粒子	Higgs
下夸克	Down quark
相位	phase
相位差	Phase differences
向量	vector
谐振动	harmonics
虚粒子	Virtual particles
薛定谔方程	Schrodinger equation

Y

亚原子粒子	Subatomic particle
氩原子	argon atom
衍射	diffraction
以太	ether
阴极射线	cathode rays
引力波	Gravitational waves
引力子	graviton
铀	uranium
宇称性	Parity
原子之地	Atom Land
约翰·巴考	John Bahcall
约翰·道尔顿	John Dalton

Z

质子	proton
中微子	Neutrino
中子	neutron
重水	Deuterium oxide
自旋	spin

图书在版编目（CIP）数据

看不见的世界：宇宙从何而来 / (英)乔恩·巴特
沃思著；章燕飞译. —— 北京：北京联合出版公司，
2019.4
书名原文：A MAP OF THE INVISIBLE：Journeys
into Particle Physics
ISBN 978-7-5596-2978-4

Ⅰ. ①看… Ⅱ. ①乔… ②章… Ⅲ. ①宇宙－普及读
物 Ⅳ. ①P159-49

中国版本图书馆CIP数据核字(2019)第038502号

著作权合同登记 图字：01-2019-0899号

看不见的世界：宇宙从何而来

项目策划　紫图图书ZITO®
监　　制　黄　利　万　夏

著　　者　[英]乔恩·巴特沃思
译　　者　章燕飞
责任编辑　杨　青　　高霁月
特约编辑　张耀强　李　栋
版权支持　王秀荣
装帧设计　紫图装帧

北京联合出版公司出版
（北京市西城区德外大街83号楼9层　100088）
天津联城印刷有限公司印刷　新华书店经销
170千字　880毫米×1280毫米　1/32　9.75印张
2019年4月第1版　2019年4月第1次印刷
ISBN 978-7-5596-2978-4
定价：69.90元